职业教育
数字媒体应用人才培养系列教材

Premiere

Premiere Pro
2020
微课版

视频编辑应用教程

刘丽萍 韩建敏 ◎ 主编　　刘定操 贾振环 张卉 ◎ 副主编

人民邮电出版社

北　京

图书在版编目（CIP）数据

Premiere视频编辑应用教程：Premiere Pro 2020：微课版 / 刘丽萍，韩建敏主编. -- 北京：人民邮电出版社，2024.8
职业教育数字媒体应用人才培养系列教材
ISBN 978-7-115-64389-6

Ⅰ. ①P… Ⅱ. ①刘… ②韩… Ⅲ. ①视频编辑软件－职业教育－教材 Ⅳ. ①TP317.53

中国国家版本馆CIP数据核字（2024）第093338号

内 容 提 要

本书对 Premiere Pro 2020 的基本操作方法、影视剪辑技术及该软件在各类影视编辑中的应用进行全面的讲解。

全书分为上下两篇：上篇为基础技能篇，包括初识 Premiere Pro 2020、影视剪辑技术、视频过渡、视频效果、调色与键控、添加字幕、加入音频、文件输出等内容；下篇为案例实训篇，主要介绍 Premiere Pro 2020 在影视编辑中的应用，包括制作电子相册、制作节目片头、制作节目包装、制作产品广告和制作宣传片等内容。

本书适合作为高等职业院校影视编辑类课程的教材，也可作为视频编辑爱好者的参考书。

◆ 主　　编　刘丽萍　韩建敏
　　副 主 编　刘定操　贾振环　张　卉
　　责任编辑　王亚娜
　　责任印制　李　东　焦志炜

◆ 人民邮电出版社出版发行　　北京市丰台区成寿寺路 11 号
　　邮编　100164　电子邮件　315@ptpress.com.cn
　　网址　https://www.ptpress.com.cn
　　固安县铭成印刷有限公司印刷

◆ 开本：787×1092　1/16
　　印张：15　　　　　　　　　2024 年 8 月第 1 版
　　字数：389 千字　　　　　　2025 年 3 月河北第 2 次印刷

定价：59.80 元

读者服务热线：(010)81055256　印装质量热线：(010)81055316
反盗版热线：(010)81055315

Premiere 是由 Adobe 公司开发的影视编辑软件，它功能强大、易学易用，深受广大影视制作爱好者和影视后期编辑人员的喜爱。目前，我国很多高等职业院校的影视编辑专业都将 Premiere 作为一门重要的课程。为帮助教师全面、系统地讲授这门课程，使学生能够熟练地使用 Premiere 来进行影视编辑制作，几位长期从事 Premiere 教学的教师共同编写了本书。

本书全面贯彻党的二十大精神，以社会主义核心价值观为引领，传承中华优秀传统文化，坚定文化自信。为使本书内容更好地体现时代性、把握规律性、富于创造性，编者对本书的知识结构体系进行了精心的设计。在基础技能篇中，主要内容按照"软件功能解析—任务实践—项目实践—课后习题"的思路编排，力求通过软件功能解析，使学生快速了解软件功能；通过任务实践，使学生掌握软件操作技巧，熟悉影视编辑制作的思路；通过项目实践和课后习题，提高学生的实际应用能力。在案例实训篇中，编者根据 Premiere 在影视编辑领域的应用设计了多个商业案例，帮助学生贴近实际工作，开阔创意思维，不断提高设计水平。

为方便教师教学，本书提供书中所有案例的素材文件及效果文件、微课视频、PPT 课件、教学大纲、电子教案等丰富的教学资源，任课教师可登录人邮教育社区（www.ryjiaoyu.com）搜索本书书名免费下载。本书的参考学时为 60 学时，其中实训环节为 34 学时，各项目的参考学时参见下方的学时分配表。

项目	内　容	学时分配	
		讲授	实训
项目 1	初识 Premiere Pro 2020	2	—
项目 2	影视剪辑技术	2	2
项目 3	视频过渡	2	2
项目 4	视频效果	2	2
项目 5	调色与键控	2	2
项目 6	添加字幕	2	2

前 言

续表

项目	内 容	学时分配	
		讲授	实训
项目 7	加入音频	2	2
项目 8	文件输出	2	2
项目 9	制作电子相册	2	4
项目 10	制作节目片头	2	4
项目 11	制作节目包装	2	4
项目 12	制作产品广告	2	4
项目 13	制作宣传片	2	4
学时总计		26	34

由于编者水平有限，书中难免存在不足之处，敬请广大读者批评指正。

编者

2024 年 2 月

教学辅助资源

资源类型	数量	资源类型	数量
教学大纲	1 份	PPT 课件	13 个
电子教案	1 套	微课视频	50 个

微课视频

项目 2 影视剪辑技术	剪辑城市形象宣传片视频	项目 9 制作电子相册	制作花世界电子相册
	重组番茄的故事宣传片视频		制作中秋纪念电子相册
	添加篮球公园宣传片中的彩条		制作可爱猫咪电子相册
	重组旅游宣传片视频		制作京城韵味电子相册
	重组璀璨烟火宣传片视频		制作古镇游记电子相册
项目 3 视频过渡	设置校园生活短片的转场	项目 10 制作节目片头	制作助农节目片头
	添加家居短视频的转场		制作旅行节目片头
	添加美食创意宣传片的转场		制作壮丽黄河节目片头
	添加滑雪运动宣传片的转场		制作都市生活节目片头
项目 4 视频效果	制作城市形象宣传片的波纹转场	项目 11 制作节目包装	制作美食节目包装
	制作汤圆短视频的模糊特效		制作京城故事节目包装
	制作青春生活短视频的翻页转场		制作博物天下节目包装
	制作古城形象宣传片的旋转转场		制作旅游时刻节目包装
项目 5 调色与键控	制作影视效果短视频的怀旧特效		制作霞浦旅游节目包装
	抠出折纸素材并合成到栏目片头	项目 12 制作产品广告	制作家居节广告
	调整风景短视频的画面颜色		制作运动产品广告
	制作小巷短视频的绘画效果		制作家电电商广告
项目 6 添加字幕	制作饭庄宣传片片头的遮罩文字		制作汽车新品广告
	制作动物世界纪录片的滚动字幕		制作时尚彩妆广告
	制作古风美景短视频的划出字幕	项目 13 制作宣传片	制作城市形象宣传片
	制作霞浦旅游宣传片片头的消散文字		制作环保广告宣传片
项目 7 加入音频	调整动物世界纪录片的音频		制作校园生活宣传片
	添加动物世界宣传片的音频特效		制作传统节日宣传片
	合成都市生活短视频片头的音频		制作大雪节气宣传片
	调整旅游纪录片的音频		

扩展知识扫码阅读

设计基础

✔认识形体	✔透视原理
✔认识设计	✔认识构成
✔形式美法则	✔点线面
✔基本型与骨骼	✔认识色彩
✔认识图案	✔图形创意
✔版式设计	✔字体设计

>>>

设计应用

✔创意绘画	✔图标设计
✔装饰设计	✔VI设计
✔UI设计	✔UI动效设计
✔标志设计	✔包装设计
✔广告设计	✔文创设计
✔网页设计	✔H5页面设计
✔电商设计	✔MG动画设计
✔网店美工设计	✔新媒体美工设计

>>>

目录

目 录

目 录

上篇

基础技能篇

项目 1
初识 Premiere Pro 2020

项目引入

本项目将对 Premiere Pro 2020 的界面、面板和基本操作等进行详细讲解。通过本项目的学习，读者可以了解 Premiere Pro 2020 的入门知识，为后续项目的学习打下坚实的基础。

项目目标

- ✔ 熟悉软件的用户操作界面。
- ✔ 了解常用功能面板。

技能目标

- ✔ 掌握常用面板的应用。
- ✔ 掌握项目文件的基本操作。

素养目标

- ✔ 培养自学能力。
- ✔ 培养合理制订学习计划的能力。

任务 1.1　Premiere Pro 2020 概述

初学 Premiere Pro 2020 的读者在启动软件后，可能会对其操作界面感到陌生，熟悉软件工作界面是学习软件的第一步。本任务将对 Premiere Pro 2020 的用户操作界面、"项目"面板、"时间轴"面板、监视器窗口和其他功能面板进行讲解。

1.1.1　用户操作界面

Premiere Pro 2020 的用户操作界面如图 1-1 所示，操作界面由标题栏、菜单栏、"效果"面板、"时间轴"面板、"工具"面板、预设工作区、"源"/"节目"监视器窗口、"项目"/"媒体浏览器"/

"库" / "信息"等面板组成。

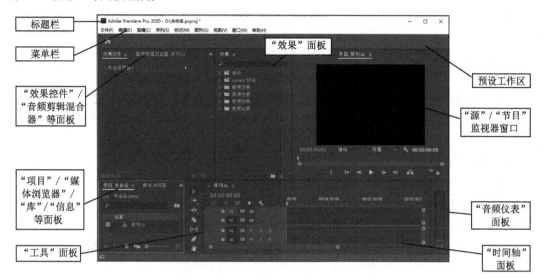

图 1-1

1.1.2 "项目"面板

"项目"面板主要用于输入、组织和存放供"时间轴"面板编辑合成的原始素材，如图 1-2 所示。按 Ctrl+Page Up 组合键，可切换到列表的状态，如图 1-3 所示。

图 1-2

图 1-3

单击"项目"面板右上方的 ≡ 按钮，在弹出的菜单中可以选择面板及相关功能的显示/隐藏方式，如图 1-4 所示。

在图标状态下，将鼠标指针置于视频素材图标下方的视频进度条上左右移动，可以查看不同时间点的视频内容。

在列表状态下，可以查看素材的基本属性，包括素材的名称、媒体格式、视/音频信息、数据量等。

"项目"面板下方的工具栏中有 10 个功能按钮和一个滑动条，从左至右分别为"项目可写"按钮 ▦ /"项目只读"按钮 ▦、"列表视图"按钮 ▤、"图标视图"按钮 ▦、"自由变换视图"按钮 ▦、"调整图标和缩览图的大小"滑动条 ◉━━ 、"排序图标"按钮 ≡ 、"自动匹配序列"按钮 ▦ 、"查找"按钮 ◉ 、"新建素材箱"按钮 ▦ 、

图 1-4

"新建项"按钮██和"清除"按钮██。

"项目可写"按钮██/"项目只读"按钮██：单击此按钮可以将"项目"面板显示为可写或只读模式。

"列表视图"按钮██：单击此按钮可以将面板中的素材以列表形式显示。

"图标视图"按钮██：单击此按钮可以将面板中的素材以图标形式显示。

"自由变换视图"按钮██：单击此按钮可以将面板中的素材以自由变换视图形式显示。

"调整图标和缩览图的大小"滑动条██████：拖曳此滑动条可以将面板中的图标和缩览图放大或缩小。

"排序图标"按钮██：在图标状态下对项目素材进行不同的方式排序。

"自动匹配序列"按钮██：单击此按钮可以将素材自动调整到时间轴。

"查找"按钮██：单击此按钮可以按提示快速查找素材。

"新建素材箱"按钮██：单击此按钮可以新建文件夹，以便管理素材。

"新建项"按钮██：单击此按钮将弹出命令菜单，可以使用其中的相关命令创建新的素材文件。

"清除"按钮██：选中不需要的文件，单击此按钮，即可将其删除。

1.1.3 "时间轴"面板

"时间轴"面板是 Premiere Pro 2020 的核心部分，在编辑影片的过程中，大部分工作都是在"时间轴"面板中完成的。通过"时间轴"面板，可以轻松地实现对素材的剪辑、插入、复制、粘贴、修整等操作，如图 1-5 所示。

图 1-5

"将序列作为嵌套或个别剪辑插入并覆盖"按钮██：单击此按钮，可以将序列作为一个嵌套或个别剪辑文件插入时间轴或覆盖素材文件。

"对齐"按钮██：单击此按钮可以启动吸附功能，这时在"时间轴"面板中拖动素材，素材将自动黏合到邻近素材的边缘。

"链接选择项目"按钮██：单击此按钮，可以链接所有开放序列。

"添加标记"按钮██：单击此按钮，可以在当前帧的位置上设置标记。

"时间轴显示设置"按钮██：单击此按钮可以设置"时间轴"面板的显示选项。

"切换轨道锁定"按钮██/██：默认状态为██，表示可以编辑当前轨道；单击此按钮，按钮变成██，当前轨道被锁定，不能编辑。

"切换同步锁定"按钮██：默认启用，当进行插入、波纹删除或波纹剪辑操作时，编辑点右侧的内容会发生移动。

"切换轨道输出"按钮 ◉：单击此按钮，可以设置是否在监视器窗口中显示该影片。

"静音轨道"按钮 M ：激活该按钮，静音，反之则播放声音。

"独奏轨道"按钮 S ：激活该按钮，可以设置独奏轨道。

"画外音录制"按钮 🎤 ：激活该按钮，可以将画外音直接录制到音频轨道中。

"折叠-展开轨道"：双击右侧的空白区域，或滚动鼠标滑轮，可以隐藏/展开视频轨道工具栏或音频轨道工具栏。

"显示关键帧"按钮 ◈ ：单击此按钮，可以选择当前关键帧的显示方式。

"转到下一关键帧"按钮 ▶ ：设置时间指针定位在被选素材轨道的下一个关键帧上。

"添加-移除关键帧"按钮 ◈ ：在时间指针所处的位置上，或在轨道中被选素材的当前位置上添加/移除关键帧。

"转到前一关键帧"按钮 ◀ ：设置时间指针定位在被选素材轨道的上一个关键帧上。

滑块 ◦━━◦ ：放大/缩小轨道中素材的显示。

时间码 00:00:00:00 ：显示播放影片的进度。

序列名称：单击相应的标签可以在不同的节目间相互切换。

轨道面板：对轨道的退缩、锁定等参数进行设置。

时间标尺：配合时间标签对剪辑进行时间定位。

窗口菜单：对时间单位及剪辑参数进行设置。

视频轨道：为影片进行视频剪辑的轨道。

音频轨道：为影片进行音频剪辑的轨道。

1.1.4 监视器窗口

监视器窗口分为"源"监视器窗口和"节目"监视器窗口，分别如图 1-6 和图 1-7 所示，所有编辑或未编辑的影片片段都在此显示效果。

图 1-6   图 1-7

"添加标记"按钮 ♥ ：设置影片片段未编号标记。

"标记入点"按钮 ｛ ：设置当前影片的起始点。

"标记出点"按钮 ｝ ：设置当前影片的结束点。

"转到入点"按钮 ⬅ ：单击此按钮，可将时间标签 ▮ 移到起始点位置。

"后退一帧（左侧）"按钮 ◀ ：此按钮是对素材进行逐帧倒播。每单击一次该按钮，播放画面就会后退 1 帧，按住 Shift 键的同时单击此按钮，每次后退 5 帧。

"播放–停止切换"按钮 ▶/◻：控制监视器窗口中的素材时，单击此按钮会从监视器窗口中时间标签◻的当前位置开始播放；在"节目"监视器窗口中，播放时按 J 键可以进行倒播。

"前进一帧（右侧）"按钮 ▶：此按钮是对素材进行逐帧播放的控制按钮。每单击一次该按钮，播放画面就会前进 1 帧，按住 Shift 键的同时单击此按钮，每次前进 5 帧。

"转到出点"按钮 ▶：单击此按钮，可将时间标签◻移到结束点位置。

"插入"按钮 ◻：单击此按钮，当插入一段影片时，重叠的片段将后移。

"覆盖"按钮 ◻：单击此按钮，当插入一段影片时，重叠的片段将被覆盖。

"提升"按钮 ◻：用于将轨道上入点与出点之间的内容删除，删除之后仍然留有空间。

"提取"按钮 ◻：用于将轨道上入点与出点之间的内容删除，删除之后不留空间，后面的素材自动连接前面的素材。

"导出帧"按钮 ◻：可导出 1 帧的影视画面。

"比较视图"按钮 ◻：可以进入比较视图模式观看视图。

分别单击监视器窗口右下方的"按钮编辑器"按钮 ◻，会弹出图 1-8 和图 1-9 所示的面板。面板中包含一些已有和未显示的按钮。

图 1-8

图 1-9

"清除入点"按钮 ◻：清除设置的标记入点。

"清除出点"按钮 ◻：清除设置的标记出点。

"从入点到出点播放视频"按钮 ◻：单击此按钮，在播放素材时，只在定义的入点与出点之间播放素材。

"转到下一标记"按钮 ◻：调整时间标签◻到当前位置的下一个标记处。

"转到上一标记"按钮 ◻：调整时间标签◻到当前位置的上一个标记处。

"播放邻近区域"按钮 ◻：单击此按钮，将播放时间标签◻位置前后 2 秒的内容。

"循环"按钮 ◻：控制循环播放的按钮。单击此按钮，监视器窗口就会循环播放素材，直至单击停止按钮。

"安全边距"按钮 ◻：单击该按钮可为影片设置安全区域，以避免影片画面过大出现播放画面不完整的情况，再次单击可隐藏安全区域。

"隐藏字幕显示"按钮 ◻：可隐藏字幕显示效果。

"切换代理"按钮 ◻：单击此按钮，可以在本机格式和代理格式之间切换。

"切换 VR 视频显示"按钮 ◻：单击此按钮，可以快速切换到 VR（Virtual Reality，虚拟现实）视频显示。

"切换多机位视图"按钮 ◻：用于打开/关闭多机位视图。

"转到下一个编辑点"按钮■：转到同一轨道中当前编辑点的下一个编辑点。

"转到上一个编辑点"按钮■：转到同一轨道中当前编辑点的上一个编辑点。

"多机位录制开/关"按钮■：单击此按钮，可以打开/关闭多机位录制。

"还原裁剪对话"按钮■：单击此按钮，可以还原裁剪的对话。

"全局 FX 静音"按钮■：单击此按钮，可以打开/关闭所有视频效果。

"显示标尺"按钮■：单击此按钮，可以打开/关闭标尺。

"显示参考线"按钮■：单击此按钮，可以打开/关闭参考线。

"在节目监视器中对齐"按钮■：单击此按钮，可以在"节目"监视器窗口中将图形对齐。

可以直接将面板中需要的按钮拖到下面的显示框中，如图 1-10 所示，松开鼠标，按钮将被添加到监视器窗口，如图 1-11 所示。单击"确定"按钮，所选按钮将显示在监视器窗口中，如图 1-12 所示。可以用相同的方法添加多个按钮，如图 1-13 所示。

图 1-10   图 1-11

图 1-12   图 1-13

若要恢复默认的布局，单击监视器窗口右下方的"按钮编辑器"按钮■，在弹出的面板中单击"重置布局"按钮，再单击"确定"按钮即可。

1.1.5 其他功能面板

除了以上介绍的面板，Premiere Pro 2020 还提供了其他一些方便编辑操作的功能面板，下面逐一进行介绍。

1. "效果"面板

"效果"面板存放着 Premiere Pro 2020 自带的各种预设、音频效果和视频效果。这些效果按照功能分为六大类，包括预设、Lumetri 预设、音频效果、音频过渡、视频效果及视频过渡等，每一大类又细分为很多小类，如图 1-14 所示。用户安装的第三方插件也将出现在该面板相应类别的文件夹中。

2. "效果控件"面板

"效果控件"面板主要用于控制对象的运动、不透明度等，如图 1-15 所示。

3. "音轨混合器"面板

"音轨混合器"面板可以更加有效地调节项目的音频，可以实时混合各轨道的音频对象，如图 1-16 所示。

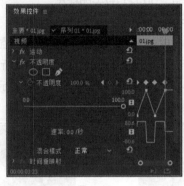

| 图 1-14 | 图 1-15 | 图 1-16 |

4. "历史记录"面板

"历史记录"面板可以记录用户从建立项目以来进行的所有操作。如果在执行了错误操作后选择该面板中相应的命令，即可撤销错误操作并返回到错误操作之前的某个状态，如图 1-17 所示。

5. "信息"面板

在 Premiere Pro 2020 中，"信息"面板作为一个独立面板显示，其主要功能是集中显示所选定对象的各项信息。对象不同，"信息"面板中的内容也不相同，如图 1-18 所示。

| 图 1-17 | 图 1-18 |

在默认设置下，"信息"面板是空白的。如果在"时间轴"面板中放入一个素材并选中它，"信息"面板将显示选中素材的信息；如果有过渡，则显示过渡的信息；如果选定的是一段视频素材，"信息"面板将显示该素材的类型、持续时间、帧速率、入点、出点及时间标签的位置；如果是静止图像，"信息"面板将显示该图像的类型、大小、持续时间、帧速率、入点、出点及时间标签的位置。

6. "工具"面板

"工具"面板主要用来对时间轴中的音频、视频等内容进行编辑，如图 1-19 所示。

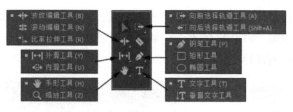

图 1-19

任务实践 熟悉软件界面

【任务学习目标】熟悉软件界面。

【任务知识要点】打开项目文件，为素材添加过渡效果以了解"效果"面板的使用方法，播放项目文件。

【效果所在位置】Ch01/熟悉软件界面/熟悉软件界面.prproj。

（1）启动 Premiere Pro 2020，选择"文件 > 打开项目"命令，弹出"打开项目"对话框，选择本书云盘中的"Ch01/花的世界短视频/花的世界短视频.prproj"文件，如图 1-20 所示。

图 1-20

（2）单击"打开"按钮，打开文件，如图 1-21 所示。将时间标签放置在 00:00:24:11 的位置，如图 1-22 所示。

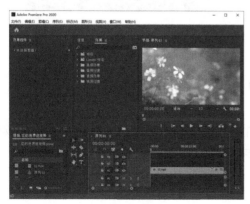

图 1-21

图 1-22

（3）在"效果"面板中，展开"视频过渡"分类选项，单击"划像"子选项前面的▶按钮将其展开，选中"菱形划像"效果，如图1-23所示。将"菱形划像"效果拖曳到"时间轴"面板中"01"文件的结尾与"02"文件的开始位置，如图1-24所示。

图1-23

图1-24

（4）弹出提示对话框，如图1-25所示，单击"确定"按钮，"时间轴"面板如图1-26所示。在"节目"监视器窗口中单击"播放-停止切换"按钮▶以预览效果，如图1-27和图1-28所示。

图1-25

图1-26

图1-27

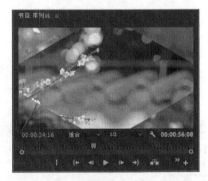

图1-28

任务1.2 Premiere Pro 2020 基本操作

本任务将详细介绍项目文件的处理，如新建项目文件、打开现有项目文件等；对象的操作，如素材的导入、移动、删除和对齐等。掌握这些基本操作对后期的项目制作至关重要。

1.2.1　项目文件操作

启动 Premiere Pro 2020 进行影视制作时，必须创建新的项目文件或打开已存在的项目文件。新建项目文件和打开项目文件是 Premiere Pro 2020 最基本的两个操作。

1. 新建项目文件

（1）选择"开始 > 所有程序 > Adobe Premiere Pro 2020"命令，或双击桌面上的"Adobe Premiere Pro 2020"快捷图标，打开软件。

（2）选择"文件 > 新建 > 项目"命令，或按 Ctrl+Alt+N 组合键，弹出"新建项目"对话框，如图 1-29 所示。在"名称"文本框中设置项目名称。单击"位置"选项右侧的 浏览 按钮，在弹出的对话框中选择项目文件保存路径。在"常规"选项卡中设置视频渲染和回放、视频、音频及捕捉格式等；在"暂存盘"选项卡中设置捕捉的视频、视频预览、音频预览、项目自动保存等的暂存路径；在"收录设置"选项卡中设置收录选项。单击"确定"按钮，即可创建一个新的项目文件。

（3）选择"文件>新建>序列"命令，或按 Ctrl+N 组合键，弹出"新建序列"对话框，如图 1-30 所示。在"序列预设"选项卡中选择项目文件格式，如选择"DV-PAL"制式下的"标准 48kHz"，右侧的"预设描述"列表框中将列出相应的项目信息；在"设置"选项卡中可以设置编辑模式、时基、视频帧大小、像素长宽比、音频采样率等信息；在"轨道"选项卡中可以设置视音频轨道的相关信息；在"VR 视频"选项卡中可以设置 VR 属性。单击"确定"按钮，即可创建一个新的序列。

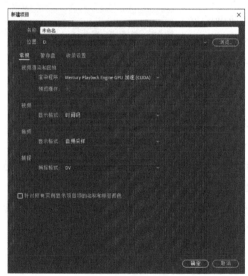

图 1-29　　　　　　　　　　　　　　　　图 1-30

2. 打开项目文件

选择"文件 > 打开项目"命令，或按 Ctrl+O 组合键，在弹出的对话框中选择需要打开的项目文件，如图 1-31 所示，单击"打开"按钮，即可打开已选择的项目文件。

选择"文件 > 打开最近使用的内容"命令，在其子菜单中选择需要打开的项目文件，如图 1-32 所示，即可打开所选的项目文件。

图 1-31

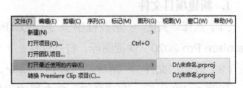

图 1-32

3. 保存项目文件

刚启动 Premiere Pro 2020 时，系统会提示用户先保存一个设置了参数的项目，因此，对于编辑过的项目，直接选择"文件 > 保存"命令或按 Ctrl+S 组合键，即可直接保存。另外，系统每隔一段时间还会自动保存一次项目。

选择"文件 > 另存为"命令（或按 Ctrl+Shift+S 组合键），或者选择"文件 > 保存副本"命令（或按 Ctrl+Alt+S 组合键），会弹出"保存项目"对话框。设置完成后，单击"保存"按钮，可以保存项目文件的副本。

4. 关闭项目文件

选择"文件 > 关闭项目"命令，即可关闭当前项目文件。如果对当前文件做了修改尚未保存，则在关闭时系统会弹出图 1-33 所示的提示对话框，询问是否要保存对当前项目文件所做的修改。单击"是"按钮，将保存项目文件；单击"否"按钮，则不保存并直接退出项目文件；单击"取消"按钮，取消保存操作。

图 1-33

1.2.2 撤销与恢复操作

通常情况下，一个完整的项目需要经过反复调整、修改与比较才能完成。因此，Premiere Pro 2020 为用户提供了"撤销"与"重做"命令。

在编辑视频或音频时，如果用户的上一步操作是错误的，或对执行操作后得到的效果不满意，选择"编辑 > 撤销"命令即可撤销操作；如果连续选择此命令，则可撤销已做的多步操作。

如果要取消撤销操作，可选择"编辑 > 重做"命令。例如，删除一个素材，通过"撤销"命令来撤销操作后，如果还想将该素材删除，则只要选择"编辑 > 重做"命令即可。

1.2.3 设置自动保存

设置自动保存的操作步骤如下。

（1）选择"编辑 > 首选项 > 自动保存"命令，弹出"首选项"对话框，如图 1-34 所示。

（2）在"首选项"对话框的"自动保存"选项区域中，根据需要设置"自动保存时间间隔"及"最大项目版本"的数值。如在"自动保存时间间隔"文本框中输入 20，在"最大项目版本"文本框中输入 5，则表示每隔 20 分钟自动保存一次，而且只存储最后 5 次存盘的项目文件。

（3）设置完成后，单击"确定"按钮退出对话框，返回工作界面。这样，在以后的编辑过程中，系统就会按照设置的参数自动保存文件，用户也就不必担心由于意外而造成工作数据丢失的问题。

图 1-34

1.2.4 导入素材

Premiere Pro 2020 支持大部分主流的视频、音频及图像文件格式，一般的导入方式为选择"文件 > 导入"命令，在打开的"导入"对话框中选择所需要的文件格式和文件，如图 1-35 所示。

1. 导入图层文件

以素材的方式导入图层的设置方法：选择"文件 > 导入"命令，在打开的"导入"对话框中选择文件格式，并选择需要导入的图层文件，单击"打开"按钮，会弹出图 1-36 所示的对话框。

图 1-35

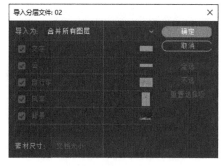

图 1-36

"导入为"下拉列表框：用于设置 PSD 图层素材导入的方式，可设置为"合并所有图层""合并的图层""各个图层""序列"。

本例设置为"序列"，如图 1-37 所示。单击"确定"按钮，"项目"面板中会自动产生一个文件夹，其中包括序列文件和图层素材，如图 1-38 所示。

以序列的方式导入图层后，软件会按照图层的排列方式自动生成一个序列，用户可以打开该序列设置动画并进行编辑。

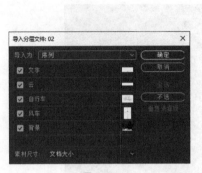

图 1-37

图 1-38

2. 导入图片

序列文件是一种非常重要的源素材，它由若干张按序排列的图片组成，用来记录活动影片，每张图片代表 1 帧。可以先在 3ds Max、After Effects、Combustion 等软件中生成序列文件，然后再导入 Premiere Pro 2020 中使用。

导入序列文件的方法如下。

（1）在"项目"面板的空白区域双击，弹出"导入"对话框，找到序列文件所在的目录，勾选"图像序列"复选框，如图 1-39 所示。

（2）单击"打开"按钮，导入素材。序列文件导入后的"项目"面板如图 1-40 所示。

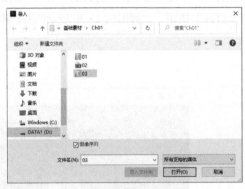

图 1-39

图 1-40

1.2.5　改变素材名称

在"项目"面板中的素材上单击鼠标右键，在弹出的快捷菜单中选择"重命名"命令，素材名称会处于可编辑状态，如图 1-41 所示，输入新名称即可。

剪辑人员可以给素材重命名以改变它原来的名称，这在一部影片中重复使用一个素材或复制了一个素材并为之设定新的入点和出点时十分有用。给素材重命名有助于在"项目"面板和序列中观看一个复制得到的素材时避免产生混淆。

1.2.6 利用素材库组织素材

可以在"项目"面板中建立一个素材库（即素材文件夹）来管理素材。使用素材文件夹，可以将节目中的素材分门别类、有条不紊地组织起来，这在组织包含大量素材的复杂节目时特别有用。

单击"项目"面板下方的"新建素材箱"按钮■，会自动创建新的素材文件夹，如图 1-42 所示，单击左侧的▼按钮，可以返回到上一层级素材列表，依次类推。

图 1-41　　　　　　　　　　　图 1-42

1.2.7 查找素材

可以根据素材的名称、属性或附属的说明和标签在 Premiere Pro 2020 的"项目"面板中搜索素材，并且可以查找所有文件格式相同的素材，如*.avi 和*.mp3 等。

单击"项目"面板下方的"查找"按钮🔍，或单击鼠标右键，在弹出的快捷菜单中选择"查找"命令，会弹出"查找"对话框，如图 1-43 所示。

图 1-43

在"查找"对话框中选择查找的素材属性，可按照素材的名称、媒体类型和标签等属性进行查找。在"匹配"下拉列表中，可以选择查找的关键字是全部匹配还是部分匹配，若勾选"区分大小写"复选框，则必须将关键字的大小写输入正确。

在对话框右侧的"查找目标"的文本框中输入待查找素材的属性关键字。例如，要查找图片文件，可选择查找的属性为"名称"，在"查找目标"文本框中输入"JPEG"或其他图片文件格式的扩展名，然后单击"查找"按钮，系统会自动找到"项目"面板中的图片文件。如果"项目"面板中有多个图片文件，可再次单击"查找"按钮查找下一个图片文件。单击"完成"按钮，可退出"查找"对话框。

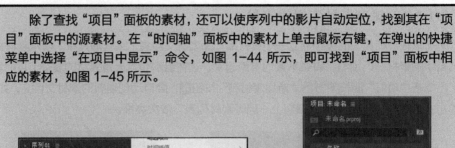
除了查找"项目"面板的素材，还可以使序列中的影片自动定位，找到其在"项目"面板中的源素材。在"时间轴"面板中的素材上单击鼠标右键，在弹出的快捷菜单中选择"在项目中显示"命令，如图 1-44 所示，即可找到"项目"面板中相应的素材，如图 1-45 所示。

图 1-44   图 1-45

1.2.8　离线素材

当打开一个项目文件时，系统若提示找不到源素材，如图 1-46 所示，那么可能是源文件被改名或存储在磁盘上的位置发生了变化。单击"脱机"按钮可以建立离线文件代替源素材。

图 1-46

由于 Premiere Pro 2020 使用链接方式进行工作，因此，如果磁盘上的源文件被删除或者移动，就会发生在项目中无法找到其磁盘源文件的情况。此时，可以建立一个离线文件。离线文件具有和其所替换的源文件相同的属性，可以对其进行与普通素材完全相同的操作。当找到所需文件后，可以用该文件替换离线文件，以进行正常编辑。离线文件实际上起到一个占位符的作用，它可以暂时占据丢失文件所处的位置。

在"项目"面板中单击"新建项"按钮 ，在弹出的菜单中选择"脱机文件"命令，弹出"新建脱机文件"对话框，如图 1-47 所示。设置好相关的参数后，单击"确定"按钮，弹出"脱机文件"对话框，如图 1-48 所示。

图 1-47

图 1-48

在"包含"下拉列表中可以选择建立同时含有音频和视频的离线素材，或者仅含有其中一项的离线素材。在"音频格式"下拉列表中可设置音频的声道，在"磁带名称"文本框中可输入磁带卷标，在"文件名"文本框中可指定离线素材的名称，在"描述"列表框中可以输入一些备注，在"场景"文本框中输入离线素材与源文件场景的关联信息，在"拍摄/获取"文本框中说明拍摄信息，在"记录注释"文本框中可记录离线素材的日志信息，在"时间码"选项区域中可以指定离线素材的时间。

如果要以实际素材替换离线素材，则可以在"项目"面板中的离线素材上单击鼠标右键，在弹出的快捷菜单中选择"链接媒体"命令，在弹出的对话框中指定文件并进行替换。"项目"面板中离线图标的显示如图 1-49 所示。

图 1-49

任务实践 掌握软件基本操作

【任务学习目标】学习软件的基本操作。

【任务知识要点】熟练掌握使用"导入"命令导入素材文件的方法，了解将素材添加到"时间轴"面板中的技巧，切割素材并熟练掌握相关工具的使用方法，熟练掌握"保存"和"关闭"命令的使用方法。

【效果所在位置】Ch01/掌握软件基本操作/掌握软件基本操作.prproj。

（1）启动 Premiere Pro 2020，选择"文件 > 新建 > 项目"命令，弹出"新建项目"对话框，如图 1-50 所示，单击"确定"按钮，新建项目。选择"文件 > 新建 > 序列"命令，弹出"新建序列"对话框，单击"设置"选项卡，选项的设置如图 1-51 所示，单击"确定"按钮，新建序列。

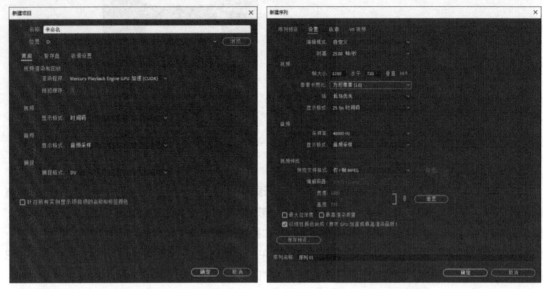

图 1-50   图 1-51

（2）选择"文件 > 导入"命令，弹出"导入"对话框，选择本书云盘中的"Ch01/掌握软件基本操作/素材/01"文件，如图 1-52 所示，单击"打开"按钮，将素材文件导入"项目"面板中，如图 1-53 所示。

图 1-52   图 1-53

（3）在"项目"面板中，选中"01"文件，将其拖曳到"时间轴"面板的"视频 1（V1）"轨道中，弹出"剪辑不匹配警告"对话框，如图 1-54 所示，单击"保持现有设置"按钮，在保持现有序列设置不变的情况下，将文件放置在"视频 1（V1）"轨道中，如图 1-55 所示。

（4）将时间标签放置在 00:00:45:00 的位置，如图 1-56 所示。使用"剃刀"工具在指定的位置上单击，将素材切割为两段，如图 1-57 所示。

图 1-54

图 1-55

图 1-56

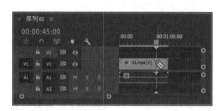

图 1-57

（5）使用"选择"工具▶选择第 2 段视频素材，如图 1-58 所示。按 Delete 键将其删除，效果如图 1-59 所示。将时间标签放置在 00:00:13:11 的位置。选中"时间轴"面板中的"01"文件，在"节目"面板中单击"播放-停止切换"按钮▶预览效果，如图 1-60 所示。

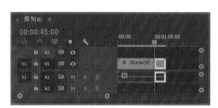

图 1-58

图 1-59

图 1-60

（6）选择"文件>保存"命令，保存文件。选择"文件>关闭项目"命令，关闭项目文件。单击软件右上角的 ✕ 按钮，退出程序。

项目 2
影视剪辑技术

项目引入

本项目主要对 Premiere Pro 2020 中剪辑影片的基本技术和操作进行详细介绍，其中包括使用 Premiere Pro 2020 剪辑和分离素材、创建新元素等。通过本项目的学习，读者可以掌握基础的素材处理与影视剪辑技术。

项目目标

- ✔ 熟练掌握剪辑素材的方法。
- ✔ 掌握分离素材的技巧。
- ✔ 了解新元素的创建方法。

技能目标

- ✔ 掌握城市形象宣传片视频的剪辑方法。
- ✔ 掌握番茄的故事宣传片视频的重组方法。
- ✔ 掌握篮球公园宣传片中彩条的添加方法。

素养目标

- ✔ 培养细致的观察能力。
- ✔ 培养积极实践和勇于探索的学习精神。

任务 2.1　使用监视器窗口编辑素材

在 Premiere Pro 2020 中使用监视器窗口可以播放和剪辑素材，可以导出单帧图像并进行场设置。

2.1.1　应用监视器窗口

Premiere Pro 2020 中有两个监视器窗口："源"监视器窗口与"节目"监视器窗口，分别用来显示素材与序列的编辑状况。图 2-1 所示为"源"监视器窗口，可显示和设置素材；图 2-2 所示为

"节目"监视器窗口，可显示和设置序列。

图 2-1

图 2-2

用户可以在"源"监视器窗口和"节目"监视器窗口中设置安全区域，这对输出为电视机可以播放的影片非常有用。

电视机在播放视频图像时，屏幕的边缘会切除部分图像，这种现象叫作"溢出扫描"。不同的电视机溢出的扫描量不同，所以，要把图像的重要部分放在"安全区域"内。在制作影片时，需要将重要的场景元素、演员、图表放在"运动安全区域"内；将标题、字幕放在"标题安全区域"内。在图 2-3 中，外侧方框以内的区域为"运动安全区域"，内侧方框以内的区域为"标题安全区域"。

图 2-3

单击"源"监视器窗口或"节目"监视器窗口下方的"安全边距"按钮▣，可以显示或隐藏监视器窗口中的安全区域。

2.1.2 播放素材

在"项目"和"时间轴"面板中双击要观看的素材，素材都会自动显示在"源"监视器窗口中。使用监视器窗口下方的工具栏可以对素材进行播放控制，方便查看和剪辑，如图 2-4 所示。

图 2-4

在不同的时间编码模式下，时间数字的显示会有所不同。如果选择"无掉帧"模式，各时间单位之间用冒号分隔；如果选择"掉帧"模式，各时间单位之间用分号分隔；如果选择"帧"模式，时间单位将显示为帧数。

拖曳鼠标指针到时间显示的区域并单击，可以直接输入数值。若改变时间，影片会自动跳转到输入的时间位置。

如果输入的时间数值之间无间隔符号，如"1234"，则 Premiere Pro 2020 会自动将其识别为帧数，并根据所选用的时间编码将其换算为相应的时间。

监视器窗口右侧的持续时间计数器可显示影片入点与出点间的长度，即影片的持续时间，显示为浅灰色。

　　缩放列表在"源"监视器窗口或"节目"监视器窗口的下方，可改变窗口中影片的显示比例，如图 2-5 所示。可以放大或缩小影片进行观察，若选择"适合"选项，则无论窗口大小如何，影片会自动匹配视窗，完全显示影片内容。

图 2-5

2.1.3　在监视器窗口剪辑素材

　　剪辑可以增加或删除帧以改变素材的长度。素材开始帧的位置被称为入点，素材结束帧的位置被称为出点。用户可以为素材的视频和音频同时设置入点和出点、为音频单独设置入点和出点，也可以为同一素材的视频和音频单独设置入点和出点。

1. 为素材的视频和音频同时设置入点和出点

　　（1）在"项目"面板中双击要设置入点和出点的素材，将其在"源"监视器窗口中打开。

　　（2）在"源"监视器窗口中拖动时间标签■或按空格键，找到要使用的片段的开始位置。

　　（3）单击"源"监视器窗口下方的"标记入点"按钮█或按 I 键，"源"监视器窗口中将显示当前素材入点处的画面，监视器窗口左下方将显示入点标记，如图 2-6 所示。

　　（4）继续播放影片，找到要使用的片段的结束位置。单击"源"监视器窗口下方的"标记出点"按钮█或按 O 键，窗口下方将显示当前素材的出点标记。入点和出点间显示为浅灰色，两点之间的片段即入点与出点间的素材片段，如图 2-7 所示。

图 2-6

图 2-7

　　（5）单击"转到入点"按钮█可以自动跳转到影片的入点位置，单击"转到出点"按钮█可以自动跳转到影片的出点位置。

2. 为音频设置入点和出点

　　当声音同步要求非常严格时，用户可以为音频素材设置高精度的入点。音频素材的入点可以使用高达 1/600s 的精度来调节。对于音频素材，入点和出点指示器出现在波形图相应的点处，如图 2-8 所示。

　　为音频设置入点和出点的方法与视频相同，这里不赘述。

　　当将一个同时含有影像和声音的素材拖入"时间轴"面板时，该素材的音频和视频部分会被放到相应的轨道中。

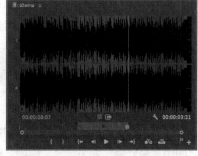

图 2-8

3. 为同一素材的视频和音频单独设置入点和出点

　　为素材的视频或音频单独设置入点和出点的方法如下。

　　（1）在"源"监视器窗口中打开要设置入点和出点的素材。

　　（2）在"源"监视器窗口中拖动时间标签■或按空格键，找到要使用的片段的开始位置。选择"标记 > 标记拆分"命令，弹出子菜单，如图 2-9 所示。

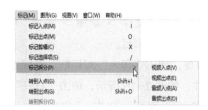

图 2-9

（3）在弹出的子菜单中分别选择"视频入点"和"视频出点"命令，为两点之间的视频部分设置入点和出点，效果如图 2-10 所示。继续播放影片，找到要使用的音频片段的开始和结束位置，分别选择"音频入点"和"视频出点"命令，为两点之间的音频部分设置入点和出点，如图 2-11 所示。

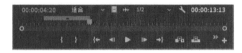

图 2-10

图 2-11

2.1.4 导出单帧图像

单击"节目"监视器窗口下方的"导出帧"按钮 ◉，弹出"导出帧"对话框。在"名称"文本框中输入文件名称，在"格式"下拉列表中选择文件格式，单击"浏览"按钮，在弹出的对话框中，选择文件保存路径，如图 2-12 所示。设置完成后，单击"确定"按钮，导出当前时间轴上的单帧图像。

图 2-12

任务实践 剪辑城市形象宣传片视频

【任务学习目标】学习导入视频文件的操作，并能使用入点、出点和编辑点剪辑视频。

【任务知识要点】使用"导入"命令导入视频文件，使用入点和出点在"源"监视器窗口中剪辑视频，拖曳编辑点以在"时间轴"面板中剪辑素材，最终效果如图 2-13 所示。

【效果所在位置】Ch02/剪辑城市形象宣传片视频/剪辑城市形象宣传片视频.prproj。

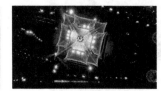

微课

剪辑城市形象
宣传片视频

图 2-13

（1）启动 Premiere Pro 2020，选择"文件 > 新建 > 项目"命令，弹出"新建项目"对话框，如图 2-14 所示，单击"确定"按钮，新建项目。

（2）选择"文件 > 导入"命令，弹出"导入"对话框，选择本书云盘中的"Ch02/剪辑城市形象宣传片视频/素材/01 ~ 04"文件，如图 2-15 所示，单击"打开"按钮，将素材文件导入"项目"面板中，如图 2-16 所示。双击"项目"面板中的"01"文件，在"源"监视器窗口中打开"01"文件，如图 2-17 所示。

图 2-14

图 2-15

图 2-16

图 2-17

（3）将时间标签放置在 00:00:05:06 的位置，按 I 键，创建标记入点，如图 2-18 所示。将时间标签放置在 00:00:16:06 的位置，按 O 键，创建出点标记，如图 2-19 所示。选中"源"监视器窗口中的"01"文件并将其拖曳到"时间轴"面板中，生成"01"序列，且将"01"文件放置到"视频1（V1）"轨道中，如图 2-20 所示。

图 2-18

图 2-19

图 2-20

（4）双击"项目"面板中的"02"文件，在"源"监视器窗口中打开"02"文件。将时间标签放置在 00:00:06:10 的位置，按 I 键，创建标记入点，如图 2-21 所示。将时间标签放置在 00:00:09:13 的位置，按 O 键，创建标记出点，如图 2-22 所示。选中"源"监视器窗口中的"02"文件并将其拖曳到"时间轴"面板中的"视频 1（V1）"轨道中，如图 2-23 所示。

图 2-21

图 2-22

图 2-23

（5）双击"项目"面板中的"03"文件，在"源"监视器窗口中打开"03"文件。将时间标签放置在 00:00:04:08 的位置，按 I 键，创建标记入点，如图 2-24 所示。选中"源"监视器窗口中的"03"文件并将其拖曳到"时间轴"面板中的"视频 1（V1）"轨道中，如图 2-25 所示。

图 2-24

图 2-25

（6）将时间标签放置在 00:00:20:00 的位置，如图 2-26 所示。将鼠标指针放在"03"文件的结束位置，当鼠标指针呈 形状时，向左拖曳到 00:00:20:00 的位置，如图 2-27 所示。

图 2-26

图 2-27

（7）双击"项目"面板中的"04"文件，在"源"监视器窗口中打开"04"文件。将时间标签放置在 00:00:17:05 的位置，按 I 键，创建标记入点，如图 2-28 所示。选中"源"监视器窗口中的"04"文件并将其拖曳到"时间轴"面板中的"视频 1（V1）"轨道中，如图 2-29 所示。城市形象宣传片视频剪辑完成。

图 2-28

图 2-29

任务 2.2　使用"时间轴"面板编辑素材

在 Premiere Pro 2020 的"时间轴"面板中可以剪辑素材、改变素材的速度/持续时间、创建帧定格、编辑标记点、粘贴素材及属性，还可以切割素材，插入和覆盖素材，提升和提取素材等。

2.2.1　在"时间轴"面板中剪辑素材

Premiere Pro 2020 提供了多种编辑片段的工具，下面介绍这些编辑工具的具体操作方法。

1. 选择素材

（1）使用"选择"工具▶在"时间轴"面板中单击，可以直接选择剪辑素材，如图 2-30 所示；按住 Alt 键的同时单击，可以单独选择剪辑的音频或视频部分，如图 2-31 所示；按住 Shift 键的同时单击要选择的素材，可以同时选择多个剪辑素材，如图 2-32 所示。

图 2-30

图 2-31

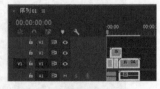

图 2-32

（2）使用"向前选择轨道"工具➡在"时间轴"面板中单击，可以选择鼠标指针右侧的所有剪辑素材，如图 2-33 所示；按住 Shift 键的同时单击，可以选择当前轨道中鼠标指针右侧的所有剪辑素材，如图 2-34 所示。

| 图 2-33 | 图 2-34 |

（3）使用"向后选择轨道"工具 ![] 可以选择鼠标指针左侧的所有剪辑素材。具体操作与"向前选择轨道"工具 ![] 相似，这里不赘述。

2. 剪辑素材

（1）将鼠标指针放置在素材文件的开始位置，当鼠标指针呈 ![] 形状时单击，显示编辑点，向右拖曳鼠标指针到适当的位置，如图 2-35 所示。将鼠标指针放置在素材文件的结束位置，当鼠标指针呈 ![] 形状时单击，显示编辑点，向左拖曳鼠标指针到适当的位置，如图 2-36 所示。

| 图 2-35 | 图 2-36 |

（2）选择"波纹编辑"工具 ![]，将鼠标指针放置在素材文件的开始位置，当鼠标指针呈 ![] 形状时单击，显示编辑点，向右拖曳鼠标指针到适当的位置，如图 2-37 所示，右侧的剪辑素材发生位移。将鼠标指针放置在素材文件的结束位置，当鼠标指针呈 ![] 形状时单击，显示编辑点，向左拖曳鼠标指针到适当的位置，如图 2-38 所示，右侧的剪辑素材发生位移。

| 图 2-37 | 图 2-38 |

（3）选择"滚动编辑"工具 ![]，在"时间轴"面板中将鼠标指针置于两个剪辑素材之间并单击，向左拖曳鼠标以调整素材，如图 2-39 所示。按住 Alt 键的同时单击，向右拖曳鼠标，将只影响链接剪辑素材的视频部分，如图 2-40 所示。

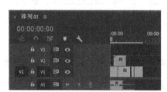

| 图 2-39 | 图 2-40 |

（4）选择"外滑"工具 ![]，将鼠标指针置于要调整的剪辑素材之上，向左拖动以将剪辑素材的入点和出点后移，如图 2-41 所示，此时"节目"监视器窗口如图 2-42 所示。向右拖动可以将剪辑素材的入点和出点前移。

图 2-41

图 2-42

（5）选择"内滑"工具 ，将鼠标指针置于要调整的剪辑素材之上，向左拖动以将前一个剪辑素材的出点和后一个剪辑素材的入点的时间前移，如图 2-43 所示，此时"节目"监视器窗口如图 2-44 所示。向右拖动可以将前一个剪辑素材的出点和后一个剪辑素材的入点的时间后移。

图 2-43

图 2-44

2.2.2　改变素材的速度/持续时间

在 Premiere Pro 2020 中，用户可以根据需求随意更改片段的播放速度，具体操作如下。

1. 使用"速度/持续时间"命令调整

在"时间轴"面板中的某一个文件上单击鼠标右键，在弹出的快捷菜单中选择"速度/持续时间"命令，会弹出图 2-45 所示的对话框。设置好后，单击"确定"按钮，完成更改。

"速度"：用于设置播放速度的百分比，以此决定影片的播放速度。

"持续时间"：单击选项右侧的时间码，可修改时间值。时间越长，影片播放的速度越慢；时间越短，影片播放的速度越快。

"倒放速度"：勾选此复选框，影片片段将反向播放。

"保持音频音调"：勾选此复选框，将保持影片片段的音频播放速度不变。

图 2-45

"波纹编辑，移动尾部剪辑"：勾选此复选框，对剪辑素材进行调整后，右侧的素材保持跟随。

"时间插值"：选择速度更改后的时间插值，包含帧采样、帧混合和光流法等选项。

2. 使用"比率拉伸"工具调整

选择"比率拉伸"工具 ，将鼠标指针放置在素材文件的开始位置，当鼠标指针呈 形状时单击，显示编辑点，向左拖曳鼠标指针到适当的位置，如图 2-46 所示，调整影片速度。当鼠标指针呈 形状时单击，显示编辑点，向右拖曳鼠标指针到适当的位置，如图 2-47 所示，调整影片速度。

图 2-46

图 2-47

3. 使用速度线调整

（1）在"时间轴"面板中选中素材文件，如图 2-48 所示。在素材文件上单击鼠标右键，在弹出的快捷菜单中选择"显示剪辑关键帧 > 时间重映射 > 速度"命令，效果如图 2-49 所示。

图 2-48

图 2-49

（2）向下拖曳中心的速度水平线，调整影片速度，如图 2-50 所示。松开鼠标，效果如图 2-51 所示。

图 2-50

图 2-51

（3）按住 Ctrl 键的同时，在速度水平线上单击，会生成关键帧，效果如图 2-52 所示。用相同的方法再次添加关键帧，效果如图 2-53 所示。

图 2-52

图 2-53

（4）向上拖曳关键帧中间的速度水平线，调整影片速度，如图 2-54 所示。拖曳第 2 个关键帧的右半部分，拆分关键帧，效果如图 2-55 所示。

图 2-54

图 2-55

2.2.3 创建帧定格

冻结片段中的某一帧，则该画面会以静帧方式显示，就好像一个静止图像，被冻结的帧可以是片段开始点，也可以是结束点。创建帧定格的操作步骤如下。

（1）单击"时间轴"面板中的某一影片片段。移动"时间轴"面板中的时间标签到需要冻结的某一帧画面上，如图 2-56 所示。

（2）确保片段处于选中状态，在其上单击鼠标右键，在弹出的快捷菜单中，选择"帧定格选项"命令，会弹出图 2-57 所示的对话框。

图 2-56

图 2-57

（3）勾选"定格位置"复选框，在其右侧的下拉列表中可根据源时间码、序列时间码、入点、出点或者播放指示器的位置选择帧，如图 2-58 所示。

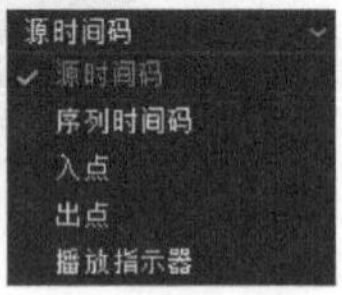

（4）勾选"定格滤镜"复选框，可以使冻结的帧画面依然保持使用滤镜后的效果。

图 2-58

（5）单击"确定"按钮，完成创建。

2.2.4 编辑标记点

为了查看素材帧与帧之间是否对齐，用户需要在素材或标尺上做一些标记。

1. 添加标记

为影片添加标记的操作步骤如下。

（1）将"时间轴"面板中的时间标签移到需要添加标记的位置，单击该面板中左上方的"添加标记"按钮，该标记将被添加到时间标签停放的位置，如图 2-59 所示。

（2）如果"时间轴"面板左上方的"对齐"按钮处于选中状态，则将一个素材拖动到轨道标记处，素材的入点将会自动与标记对齐。

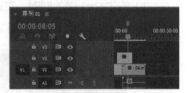
图 2-59

2. 跳转标记

在"时间轴"面板中的标尺上单击鼠标右键，在弹出的快捷菜单中选择"转到下一个标记"命令，时间标签会自动跳转到下一个标记；选择"转到上一个标记"命令，时间标签会自动跳转到上一个标记，如图 2-60 所示。

3. 删除标记

如果用户在使用标记的过程中发现有不需要的标记，可以将其删除。具体的删除步骤如下。

选择要删除的标记，在"时间轴"面板中的标尺上单击鼠标右键，在弹出的快捷菜单中选择"清除所选的标记"命令，如图 2-61 所示，可清除当前选取的标记；选择"清除所有标记"命令，可将"时间轴"面板中的所有标记清除。

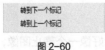
图 2-60

图 2-61

2.2.5 粘贴素材及属性

Premiere Pro 2020 提供了标准的 Windows 编辑命令，用于剪切、复制和粘贴素材，这些命令都在"编辑"菜单中。

1. 使用"粘贴插入"命令

"粘贴插入"命令的使用步骤如下。

（1）在"时间轴"面板中选择影片素材，选择"编辑 > 复制"命令。

（2）在"时间轴"面板中将时间标签█移动到需要粘贴素材的位置，如图 2-62 所示。

（3）选择"编辑 > 粘贴插入"命令，复制得到的影片将被粘贴到时间标签█位置，其后的影片等距离后退，效果如图 2-63 所示。

图 2-62

图 2-63

2. 使用"粘贴属性"命令

"粘贴属性"命令的使用步骤如下。

（1）在"时间轴"面板中选择影片素材，设置"不透明度"选项，并添加视频效果，如图 2-64 所示。在影片素材上单击鼠标右键，在弹出的快捷菜单中选择"复制"命令，如图 2-65 所示。

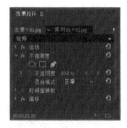
图 2-64

图 2-65

（2）用圈选的方法选择需要粘贴属性的素材文件，如图 2-66 所示。在影片素材上单击鼠标右键，在弹出的快捷菜单中选择"粘贴属性"命令，如图 2-67 所示。

图 2-66

图 2-67

（3）弹出"粘贴属性"对话框，如图 2-68 所示，可以将视频属性（如运动、不透明度、时间重映射、效果等）以及音频属性（如音量、声道音量、声像器、效果等）粘贴到选中的素材文件上，效果如图 2-69 和图 2-70 所示。

图 2-68   图 2-69   图 2-70

2.2.6 切割素材

在 Premiere Pro 2020 中，当素材被添加到"时间轴"面板中的轨道后，有时需要对素材进行切割才能进行后续操作。可以使用"工具"面板中的"剃刀"工具 来完成切割，操作步骤如下。

（1）选择"剃刀"工具 。

（2）将鼠标指针移到需要切割的"时间轴"面板中的某一素材上并单击，该素材即被切割为两段，每一段素材都有独立的长度及入点与出点，如图 2-71 所示。

（3）如果要将多个轨道上的素材在同一点分割，则按住 Shift 键的同时单击，鼠标指针会显示为多重刀片形状，轨道上所有未锁定的素材都在该位置被切割为两段，如图 2-72 所示。

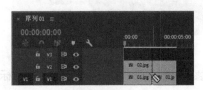

图 2-71   图 2-72

2.2.7 插入和覆盖素材

使用"插入"按钮 和"覆盖"按钮 ，可以将"源"监视器窗口中的片段直接置入"时间轴"面板中的时间标签 位置的当前轨道中。

1. 插入素材

插入素材的操作步骤如下。

（1）在"源"监视器窗口中选中要插入"时间轴"面板中的素材并为其设置入点和出点。

（2）在"时间轴"面板中将时间标签 移动到需要插入素材的时间点，如图 2-73 所示。

（3）单击"源"监视器窗口下方的"插入"按钮 ，将选中的素材插入"时间轴"面板中。新素材会直接插入其中,把原有素材分为两段,原有素材的后半部分将会向后推移,接在新素材之后,效果如图 2-74 所示。

 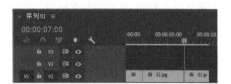

图 2-73   图 2-74

2. 覆盖素材

覆盖素材的操作步骤如下。

(1)在"源"监视器窗口中选中要插入"时间轴"面板中的素材并为其设置入点和出点。

(2)在"时间轴"面板中将时间标签▓移动到需要插入素材的时间点,如图 2-75 所示。

(3)单击"源"监视器窗口下方的"覆盖"按钮▓,将选中的素材插入"时间轴"面板中,加入的新素材将在时间标签▓处覆盖原有素材,如图 2-76 所示。

图 2-75   图 2-76

2.2.8 提升和提取素材

使用"提升"按钮▓和"提取"按钮▓可以在"时间轴"面板的指定轨道上删除指定的一段素材。

1. 提升素材

提升素材的操作步骤如下。

(1)在"节目"监视器窗口中为素材需要提取的部分设置入点、出点。设置的入点和出点将同时显示在"时间轴"面板的标尺上,如图 2-77 所示。

(2)在"时间轴"面板中提升素材的目标轨道。

(3)单击"节目"监视器窗口下方的"提升"按钮▓,入点和出点之间的素材将被删除,删除后会留下空白区域,如图 2-78 所示。

图 2-77   图 2-78

2. 提取素材

提取素材的操作步骤如下。

(1)在"节目"监视器窗口中为素材需要提取的部分设置入点、出点。设置的入点和出点将同时显示在"时间轴"面板的标尺上。

（2）单击"节目"监视器窗口下方的"提取"按钮 ，入点和出
点之间的素材将被删除，其后面的素材自动前移，填补空缺，如图 2-79
所示。

图 2-79

2.2.9 删除素材

如果用户决定不使用"时间轴"面板中的某个素材片段，则可以在"时间轴"面板中将其删除。
"时间轴"面板中删除的素材，"项目"面板中并不会删除。

1. 删除素材

删除素材的操作步骤如下。

（1）在"时间轴"面板中选中一个或多个素材。

（2）按 Delete 键或选择"编辑 > 清除"命令，直接删除素材文件。

2. 波纹删除素材

波纹删除素材的操作步骤如下。

（1）在"时间轴"面板中选中一个或多个素材。

（2）单击鼠标右键，在弹出的快捷菜单中选择"波纹删除"命令，在删除素材文件的同时，素材
右侧的文件前移。

提示

如果不希望其他轨道的素材移动，可以锁定该轨道。

任务实践 重组番茄的故事宣传片视频

【任务学习目标】学习使用"导入"命令和"插入"按钮编辑视频素材。

【任务知识要点】使用"导入"命令导入视频文件，使用"效果控件"面板调整文件大小，使用
"插入"按钮插入视频文件，最终效果如图 2-80 所示。

【效果所在位置】Ch02/重组番茄的故事宣传片视频/重组番茄的故事宣传片视频. prproj。

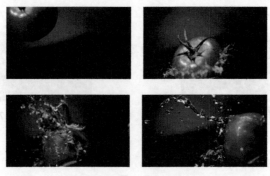

微课

重组番茄的故事
宣传片视频

图 2-80

（1）启动 Premiere Pro 2020，选择"文件 > 新建 > 项目"命令，弹出"新建项目"对话框，如图 2-81 所示，单击"确定"按钮，新建项目。选择"文件 > 新建 > 序列"命令，弹出"新建序列"对话框，单击"设置"选项卡，各选项的设置如图 2-82 所示，单击"确定"按钮，新建序列。

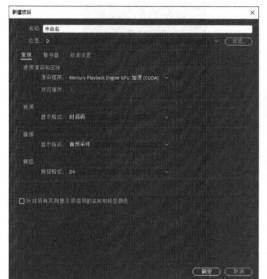 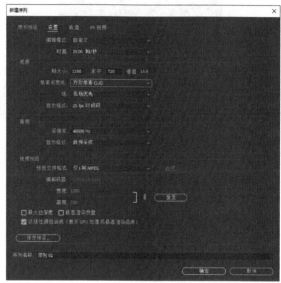

图 2-81   图 2-82

（2）选择"文件 > 导入"命令，弹出"导入"对话框，选择本书云盘中的"Ch02/重组番茄的故事宣传片视频/素材/01、02"文件，如图 2-83 所示。单击"打开"按钮，将素材文件导入"项目"面板中，如图 2-84 所示。

图 2-83   图 2-84

（3）在"项目"面板中，选中"01"文件并将其拖曳到"时间轴"面板中，如图 2-85 所示。选择"时间轴"面板中的"01"文件。选择"效果控件"面板，展开"运动"选项，将"缩放"选项设置为 170.0，如图 2-86 所示。

（4）将时间标签放置在 00:00:06:00 的位置。在"项目"面板中双击"02"文件，将其在"源"监视器窗口中打开，如图 2-87 所示。单击"源"监视器窗口下方的"插入"按钮 ，将"02"文件插入"时间轴"面板中，效果如图 2-88 所示。

图 2-85

图 2-86

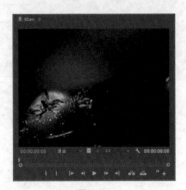

图 2-87

图 2-88

（5）将时间标签放置在 00:00:25:00 的位置。在"视频 1（V1）"轨道上选中"01"文件，将鼠标指针放在"01"文件的结束位置，当鼠标指针呈╣形状时，向左拖曳鼠标指针到 00:00:25:00 的位置，如图 2-89 所示。

（6）选择"时间轴"面板中的"02"文件。选择"效果控件"面板，展开"运动"选项，将"缩放"选项设置为 170.0，如图 2-90 所示。番茄的故事宣传片视频重组完成。

图 2-89

图 2-90

任务 2.3 创建新元素

Premiere Pro 2020 除了可以使用导入的素材，还支持创建新的素材元素。本节将对此内容进行详细介绍。

2.3.1 通用倒计时片头

通用倒计时片头通常用于影片开始前的倒计时准备。Premiere Pro 2020 为用户提供了现成的通用倒计时片头，用户可以非常简便地创建一个标准的倒计时片头素材，并且可以在 Premiere Pro 2020 中随时对其进行修改，如图 2-91 所示。创建倒计时片头素材的操作步骤如下。

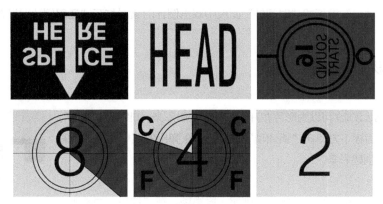

图 2-91

（1）单击"项目"面板下方的"新建项"按钮 ，在弹出的菜单中选择"通用倒计时片头"命令，弹出"新建通用倒计时片头"对话框，如图 2-92 所示。设置完成后，单击"确定"按钮，会弹出"通用倒计时设置"对话框，如图 2-93 所示。

图 2-92

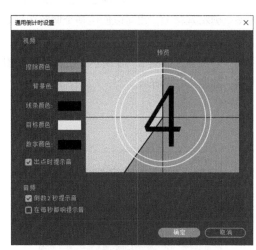

图 2-93

"擦除颜色"：擦除颜色。播放倒计时影片时，指示线会不停地围绕圆心转动，在指示线转动方向之后的颜色为擦除色。

"背景色"：背景颜色。指示线转换方向之前的颜色为背景色。

"线条颜色"：指示线颜色。固定十字及转动的指示线的颜色由该选项设定。

"目标颜色"：准星颜色。指定圆形准星的颜色。

"数字颜色"：数字颜色。指定倒计时影片中 8、7、6、5、4 等数字的颜色。

"出点时提示音"：勾选该复选框后，在片头的最后一帧显示提示圈。

"倒数 2 秒提示音"：勾选此复选框后，在两秒标记处播放嘟嘟声。

"在每秒都响提示音"：每秒提示音标志。勾选该复选框后，在每秒开始的时候发声。

（2）设置完成后，单击"确定"按钮，Premiere Pro 2020 自动将该段倒计时影片加入"项目"面板。

用户可在"项目"面板或"时间轴"面板中双击倒计时素材打开"通用倒计时设置"对话框进行修改。

2.3.2 彩条和黑场

1. 彩条

Premiere Pro 2020 可以为影片在开始前加入一段彩条，如图 2-94 所示。

在"项目"面板下方单击"新建项"按钮 ，在弹出的菜单中选择"彩条"命令，即可创建彩条。

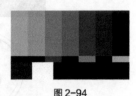

图 2-94

2. 黑场

Premiere Pro 2020 可以在影片中创建一段黑场。在"项目"面板下方单击"新建项"按钮 ，在弹出的菜单中选择"黑场"命令，即可创建黑场。

2.3.3 调整图层

Premiere Pro 2020 可以创建调整图层。使用调整图层，可以将同一效果应用至"时间轴"面板上的多个剪辑素材中，也可以使用多个调整图层调整更多效果。具体使用如下。

在"项目"面板下方单击"新建项"按钮 ，在弹出的菜单中选择"调整图层"命令，弹出"调整图层"对话框，如图 2-95 所示。进行参数设置后，单击"确定"按钮，"项目"面板中将生成调整图层，如图 2-96 所示。

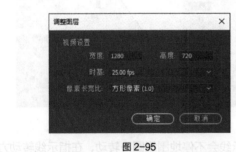

图 2-95

图 2-96

2.3.4 颜色蒙版

在 Premiere Pro 2020 中可以为影片创建一个颜色蒙版，操作步骤如下。

（1）在"项目"面板下方单击"新建项"按钮 ，在弹出的菜单中选择"颜色遮罩"命令，弹出"新建颜色遮罩"对话框，如图 2-97 所示。进行参数设置后，单击"确定"按钮，弹出"拾色器"对话框，如图 2-98 所示。

图 2-97

图 2-98

（2）在"拾色器"对话框中选取蒙版所要使用的颜色，单击"确定"按钮。用户可在"项目"面板或"时间轴"面板中双击颜色蒙版打开"拾色器"对话框进行修改。

2.3.5 透明视频

在 Premiere Pro 2020 中，用户可以创建一个透明的视频图层，它能够将特效应用到一系列的影片剪辑中而无须重复地复制和粘贴属性。只要应用特效到透明视频轨道上，特效将自动出现在透明视频轨道下方的所有视频轨道中。

任务实践 添加篮球公园宣传片中的彩条

【任务学习目标】学习使用"新建"命令制作 HD 彩条。

【任务知识要点】使用"导入"命令导入视频文件，使用"剃刀"工具切割视频素材，使用"插入"命令插入素材文件，使用"新建"命令新建 HD 彩条，最终效果如图 2-99 所示。

【效果所在位置】Ch02/添加篮球公园宣传片中的彩条/添加篮球公园宣传片中的彩条. prproj。

微课

添加篮球公园
宣传片中的彩条

图 2-99

（1）启动 Premiere Pro 2020，选择"文件 ＞ 新建 ＞ 项目"命令，弹出"新建项目"对话框，如图 2-100 所示，单击"确定"按钮，新建项目。

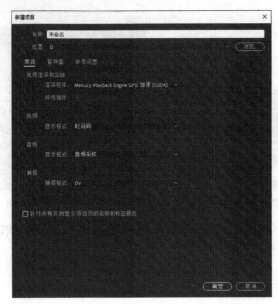

图 2-100

（2）选择"文件 > 导入"命令，弹出"导入"对话框，选择本书云盘中的"Ch02/添加篮球公园宣传片中的彩条/素材/01～03"文件，如图 2-101 所示，单击"打开"按钮，将素材文件导入"项目"面板中，如图 2-102 所示。在"项目"面板中，选中"01"文件并将其拖曳到"时间轴"面板中，生成"01"序列，且将"01"文件放置到"视频 1（V1）"轨道中，如图 2-103 所示。

图 2-101

图 2-102

（3）将时间标签放置在 00:00:05:00 的位置。在"项目"面板中选中"02"文件，在文件上单击鼠标右键，在弹出的快捷菜单中选择"插入"命令，在"时间轴"面板中时间标签的位置插入"02"文件，如图 2-104 所示。

图 2-103

图 2-104

（4）将时间标签放置在 00:00:08:00 的位置。选择"剃刀"工具 ，将鼠标指针移到"时间轴"面板中的"02"文件上并单击，切割素材，效果如图 2-105 所示。

（5）使用"选择"工具 选择切割后右侧的"02"文件。在文件上单击鼠标右键，在弹出的快捷菜单中选择"波纹删除"命令，删除文件，右侧的"01"文件自动前移，如图 2-106 所示。

图 2-105

图 2-106

（6）选择"项目"面板，选择"文件 > 新建 > HD 彩条"命令，弹出"新建 HD 彩条"对话框，如图 2-107 所示，单击"确定"按钮新建"HD 彩条"文件，如图 2-108 所示。

图 2-107

图 2-108

（7）在"项目"面板中，选中"HD 彩条"文件并将其拖曳到"时间轴"面板中的"视频 2（V2）"轨道中，如图 2-109 所示。将时间标签放置在 00:00:05:08 的位置。将鼠标指针放在"HD 彩条"文件的结束位置并单击，显示编辑点。当鼠标指针呈 形状时，向左拖曳到 00:00:05:08 的位置，如图 2-110 所示。

图 2-109

图 2-110

（8）按住 Alt 键的同时，选择"音频 2（A2）"轨道中的音频文件，如图 2-111 所示，按 Delete 键将其删除。在"项目"面板中，选中"03"文件并将其拖曳到"时间轴"面板中的"视频 3（V3）"轨道中，效果如图 2-112 所示。将鼠标指针放在"03"文件的结束位置并单击，显示编辑点。当鼠标指针呈 形状时，向右拖曳到"01"文件的结束位置，效果如图 2-113 所示。

（9）选择"时间轴"面板中的"03"文件。选择"效果控件"面板，展开"运动"选项，将"位置"选项设置为 1640.0 和 902.0，将"缩放"选项设置为 27.0，如图 2-114 所示。

图 2-111

图 2-112

图 2-113

图 2-114

（10）将时间标签放置在 00:00:04:23 的位置。选择"效果控件"面板，展开"不透明度"选项，单击"不透明度"选项右侧的"添加/移除关键帧"按钮，如图 2-115 所示，记录第 1 个动画关键帧。将时间标签放置在 00:00:05:00 的位置。将"不透明度"选项设置为 0.0%，如图 2-116 所示，记录第 2 个动画关键帧。

图 2-115

图 2-116

（11）将时间标签放置在 00:00:05:07 的位置。单击"不透明度"选项右侧的"添加/移除关键帧"按钮，如图 2-117 所示，记录第 3 个动画关键帧。将时间标签放置在 00:00:05:08 的位置。将"不透明度"选项设置为 100.0%，如图 2-118 所示，记录第 4 个动画关键帧。篮球公园宣传片中的彩条添加完成。

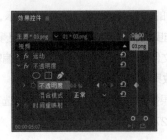

图 2-117

图 2-118

项目实践 重组旅游宣传片视频

【项目知识要点】使用"导入"命令导入视频文件,使用"取消链接"命令调整素材文件的视/音频链接,拖曳编辑点以在"时间轴"面板中剪辑素材,最终效果如图 2-119 所示。

【效果所在位置】Ch02/重组旅游宣传片视频/重组旅游宣传片视频.prproj。

微课

重组旅游
宣传片视频

图 2-119

课后习题 重组璀璨烟火宣传片视频

【习题知识要点】使用"导入"命令导入视频文件,使用"插入"按钮插入视频文件,使用"剃刀"工具切割素材文件,通过"基本图形"面板添加文本,最终效果如图 2-120 所示。

【效果所在位置】Ch02/重组璀璨烟火宣传片视频/重组璀璨烟火宣传片视频. prproj。

微课

重组璀璨烟火
宣传片视频

图 2-120

项目 3
视频过渡

项目引入

本项目主要介绍如何在 Premiere Pro 2020 的影片素材或静止图像之间建立丰富多彩的过渡效果。通过本项目的学习,读者可以掌握在影视剪辑的镜头中添加过渡效果的方法和技巧,使剪辑的画面更加富于变化,更加生动多彩。

项目目标

✔ 熟练掌握过渡效果的使用和设置方法。
✔ 掌握过渡效果的应用技巧。

技能目标

✔ 掌握设置校园生活短片转场的方法。
✔ 掌握添加家居短视频转场的方法。

素养目标

✔ 培养精益求精的工作作风。
✔ 培养积极实践的学习精神。

任务 3.1　过渡效果的设置

在 Premiere Pro 2020 中可以使用镜头过渡、设置镜头过渡、调整镜头过渡和设置默认过渡,下面分别进行讲解。

3.1.1　使用镜头过渡

一般情况下,过渡在同一轨道的两个相邻素材之间使用,如图 3-1 所示。此外,也可以单独为某个素材添加过渡效果。此时,上方轨道的素材与下方轨道的素材进行过渡,下方轨道的素材只作为背景使用,并不能被过渡控制,如图 3-2 所示。

图 3-1

图 3-2

3.1.2　设置镜头过渡

在两段影片之间加入过渡后，时间轴上会有一个重叠区域，这个重叠区域就是过渡的作用范围。可以通过"效果控件"面板和"时间轴"面板对过渡进行设置。

在"效果控件"面板上方单击▶按钮，可以在下方的小视窗中预览过渡效果，如图 3-3 所示。对某些有方向性的过渡来说，可以在小视窗中单击三角形图标改变过渡的方向。例如，单击右上角的三角形图标改变过渡方向，如图 3-4 所示。

图 3-3

图 3-4

"持续时间"选项用于设置过渡的持续时间。双击"时间轴"面板中的过渡块，弹出"设置过渡持续时间"对话框，如图 3-5 所示，设置完成后，单击"确定"按钮，也可以设置过渡的持续时间。

"对齐"选项用于设置对齐方式，包含"中心切入""起点切入""终点切入""自定义起点"4种切入对齐方式。

"开始"和"结束"选项用于设置过渡的起始和结束状态。按住 Shift 键并拖曳滑块，可以使开始和结束滑块以相同的数值变化。

勾选"显示实际源"复选框，上方的"开始"和"结束"视窗中会显示过渡的开始帧和结束帧，如图 3-6 所示。

其他选项设置根据过渡效果的不同有所区别。

图 3-5

图 3-6

3.1.3 调整镜头过渡

在"效果控件"面板的右侧区域和"时间轴"面板中，可以对过渡效果进行进一步的调整。

在"效果控件"面板中，将鼠标指针移动到过渡中线上，当鼠标指针呈❉形状时，拖曳鼠标，可以改变影片素材的持续时间和过渡的影响区域，如图 3-7 所示。将鼠标指针移动到过渡块上，当鼠标指针呈⬌形状时，拖曳鼠标，可以改变过渡的切入位置，如图 3-8 所示。

图 3-7

图 3-8

在"效果控件"面板中，将鼠标指针移动到过渡的左侧边缘，当鼠标指针呈▶形状时，拖曳鼠标，可以改变过渡的长度，如图 3-9 所示。在"时间轴"面板中，将鼠标指针移动到过渡块的右侧边缘，当鼠标指针呈┫形状时，拖曳鼠标，也可以改变过渡的长度，如图 3-10 所示。

图 3-9

图 3-10

3.1.4 设置默认过渡

选择"编辑 > 首选项 > 时间轴"命令，弹出"首选项"对话框，在其中可以分别设置视频过渡和音频过渡的默认持续时间，如图 3-11 所示。

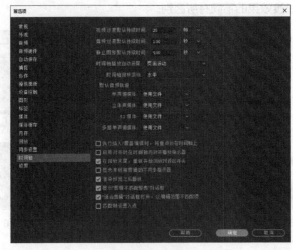
图 3-11

任务实践 设置校园生活短片的转场

【任务学习目标】学习使用过渡效果设置素材转场。

【任务知识要点】使用"导入"命令导入素材文件，使用"交叉溶解"效果制作图片之间的过渡，使用"效果控件"面板调整过渡效果，最终效果如图 3-12 所示。

【效果所在位置】Ch03/设置校园生活短片的转场/设置校园生活短片的转场. prproj。

微课

设置校园生活
短片的转场

图 3-12

1. 添加并调整素材

（1）启动 Premiere Pro 2020，选择"文件 > 新建 > 项目"命令，弹出"新建项目"对话框，如图 3-13 所示，单击"确定"按钮，新建项目。

（2）选择"文件 > 导入"命令，弹出"导入"对话框，选择本书云盘中的"Ch03/设置校园生活短片的转场/素材/01～04"文件，如图 3-14 所示，单击"打开"按钮，将素材文件导入"项目"面板中，如图 3-15 所示。在"项目"面板中，选中"01"文件并将其拖曳到"时间轴"面板中，生成"01"序列，且将"01"文件放置到"视频 1（V1）"轨道中，如图 3-16 所示。

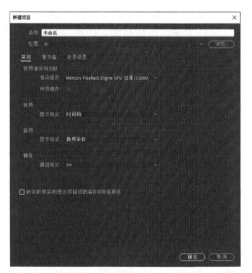

图 3-13

图 3-14

图 3-15

图 3-16

（3）选择"时间轴"面板中的"01"文件。在"01"文件上单击鼠标右键，在弹出的快捷菜单中选择"速度/持续时间"命令，在弹出的对话框中进行设置，如图 3-17 所示。单击"确定"按钮，效果如图 3-18 所示。

图 3-17

图 3-18

（4）在"项目"面板中，选中"02"文件并将其拖曳到"时间轴"面板的"视频 1（V1）"轨道中，如图 3-19 所示。

图 3-19

（5）选择"时间轴"面板中的"02"文件。在"02"文件上单击鼠标右键，在弹出的快捷菜单中选择"速度/持续时间"命令，在弹出的对话框中进行设置，如图 3-20 所示。单击"确定"按钮，效果如图 3-21 所示。

图 3-20

图 3-21

（6）将时间标签放置在 00:00:13:13 的位置。将鼠标指针放在"02"文件的结束位置，当鼠标指针呈形状时，向左拖曳到 00:00:13:13 的位置，如图 3-22 所示。在"项目"面板中，选中"03"文件并将其拖曳到"时间轴"面板的"视频 1（V1）"轨道中，如图 3-23 所示。

图 3-22

图 3-23

（7）选择"时间轴"面板中的"03"文件。在"03"文件上单击鼠标右键，在弹出的菜单中选择"速度/持续时间"命令，在弹出的对话框中进行设置，如图 3-24 所示。单击"确定"按钮，效果如图 3-25 所示。

图 3-24

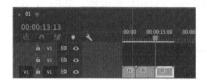
图 3-25

（8）双击"项目"面板中的"04"文件，在"源"窗口中打开"04"文件。将时间标签放置在 00:00:09:48 的位置，按 I 键，创建标记入点，如图 3-26 所示。将时间标签放置在 00:00:15:48 的位置，按 O 键，创建标记出点，如图 3-27 所示。选中"源"窗口中的"04"文件并将其拖曳到"时间轴"面板中的"视频 1（V1）"轨道中，如图 3-28 所示。

图 3-26

图 3-27

图 3-28

2. 为素材添加过渡

（1）选择"效果"面板，展开"视频过渡"分类选项，单击"溶解"子选项前面的▶按钮将其展开，选中"交叉溶解"效果，如图 3-29 所示。将"交叉溶解"效果拖曳到"时间轴"面板中的"01"文件的结束位置和"02"文件的开始位置，如图 3-30 所示。

图 3-29

图 3-30

（2）选择"时间轴"面板中的"交叉溶解"效果。选择"效果控件"面板，将"持续时间"选项设置为 00:00:02:00，如图 3-31 所示，此时"时间轴"面板如图 3-32 所示。

图 3-31

图 3-32

（3）在"效果"面板中选中"交叉溶解"效果，将"交叉溶解"效果拖曳到"时间轴"面板中的"03"文件的开始位置和结束位置，如图 3-33 所示。再将"交叉溶解"效果拖曳到"时间轴"面板中的"04"文件的结束位置，如图 3-34 所示。

图 3-33

图 3-34

（4）选择"时间轴"面板中"04"文件结束位置的"交叉溶解"效果。选择"效果控件"面板，将"持续时间"选项设置为 00:00:03:00，如图 3-35 所示，此时"时间轴"面板如图 3-36 所示。校园生活短片的转场设置完成。

图 3-35

图 3-36

任务3.2　过渡效果的应用

Premiere Pro 2020 将各种过渡效果根据类型的不同分别放在"效果"面板中的"视频过渡"分类选项的子选项中，用户可以根据使用的过渡效果的类型，方便进行查找。

3.2.1　3D 运动

在"3D 运动"子选项中共包含两种效果，如图 3-37 所示。使用不同的过渡后，效果如图 3-38 所示。

图 3-37

立方体旋转　　　　　　　　　　　　翻转

图 3-38

3.2.2　内滑

在"内滑"子选项中共包含 5 种效果，如图 3-39 所示。使用不同的过渡后，效果如图 3-40 所示。

中心拆分　　　　　　　　　　内滑　　　　　　　　　　带状内滑

拆分　　　　　　　　　　推

图 3-39　　　　　　　　　　　　　　图 3-40

3.2.3　划像

在"划像"子选项中共包含 4 种效果，如图 3-41 所示。使用不同的过渡后，效果如图 3-42 所示。

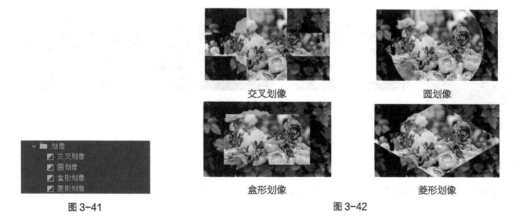

交叉划像　　　　　　　　　　　圆划像

盒形划像　　　　　　　　　　　菱形划像

图 3-41　　　　　　　　　　　　　　图 3-42

3.2.4　擦除

在"擦除"子选项中共包含 17 种效果，如图 3-43 所示。使用不同的过渡后，效果如图 3-44

所示。

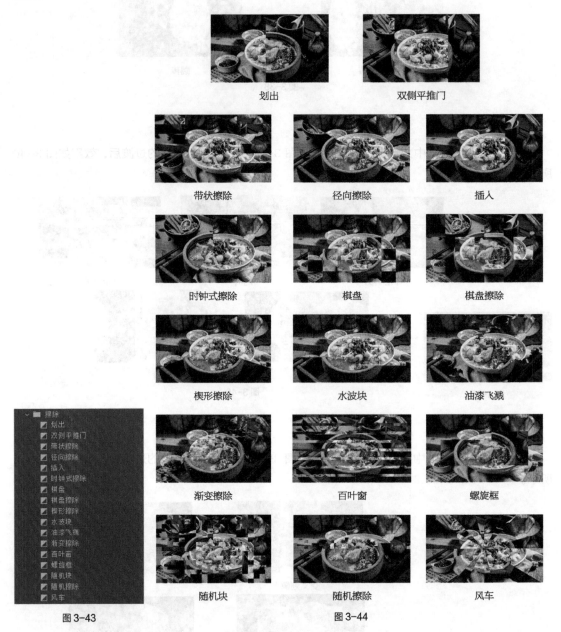

划出   双侧平推门

带状擦除   径向擦除   插入

时钟式擦除   棋盘   棋盘擦除

楔形擦除   水波块   油漆飞溅

渐变擦除   百叶窗   螺旋框

随机块   随机擦除   风车

图 3-43   图 3-44

3.2.5　沉浸式视频

在"沉浸式视频"子选项中共包含 8 种效果，如图 3-45 所示。使用不同的过渡后，效果如图 3-46 所示。

VR 光圈擦除　　　　　　VR 光线

VR 渐变擦除　　　　VR 漏光　　　　VR 球形模糊

VR 色度泄漏　　　　VR 随机块　　　VR 默比乌斯缩放

图 3-45　　　　　　　　　　图 3-46

3.2.6　溶解

在"溶解"子选项中共包含 7 种效果，如图 3-47 所示。使用不同的过渡后，效果如图 3-48 所示。

MorphCut　　　　　　　　交叉溶解

叠加溶解　　　　　　白场过渡　　　　　　胶片溶解

非叠加溶解　　　　　　　　黑场过渡

图 3-47　　　　　　　　　　图 3-48

3.2.7　缩放

在"缩放"子选项中仅包含一种效果，如图 3-49 所示。使用过渡后，效果如图 3-50 所示。

交叉缩放

图 3-49　　　　　　　　　　图 3-50

3.2.8　页面剥落

在"页面剥落"子选项中共包含两种效果，如图 3-51 所示。使用不同的过渡后，效果如图 3-52 所示。

图 3-51

翻页　　　　　　　页面剥落

图 3-52

任务实践　添加家居短视频的转场

【任务学习目标】学习使用过渡制作短视频的转场。

【任务知识要点】使用"导入"命令导入视频文件，使用"白场过渡"效果、"菱形划像"效果、"交叉缩放"效果、"带状内滑"效果和"黑场过渡"效果制作视频之间的过渡，通过"效果控件"面板调整素材文件的位置，最终效果如图 3-53 所示。

【效果所在位置】Ch03/添加家居短视频的转场/添加家居短视频的转场.prproj。

微课

添加家居短视频
的转场

图 3-53

（1）启动 Premiere Pro 2020，选择"文件 > 新建 > 项目"命令，弹出"新建项目"对话框，如图 3-54 所示，单击"确定"按钮，新建项目。选择"文件 > 新建 > 序列"命令，弹出"新建序列"对话框，单击"设置"选项卡，各选项的设置如图 3-55 所示，单击"确定"按钮，新建序列。

 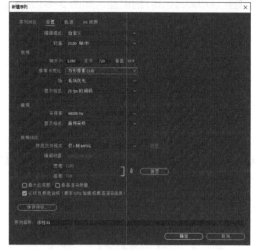

图 3-54   图 3-55

（2）选择"文件 > 导入"命令，弹出"导入"对话框，选择本书云盘中的"Ch03/添加家居短视频的转场/素材/01 ~ 05"文件，如图 3-56 所示。单击"打开"按钮，将素材文件导入"项目"面板中，如图 3-57 所示。

图 3-56   图 3-57

（3）在"项目"面板中，选中"01"文件，将其拖曳到"时间轴"面板中的"视频 1（V1）"轨道中，弹出"剪辑不匹配警告"对话框，单击"保持现有设置"按钮，在保持现有序列设置不变的情况下，将"01"文件放置在"视频 1（V1）"轨道中，效果如图 3-58 所示。将时间标签放置在 00:00:03:00 的位置。在"项目"面板中，选中"02"文件，将其拖曳到"时间轴"面板中的"视频 2（V2）"轨道中，如图 3-59 所示。

图 3-58   图 3-59

（4）将时间标签放置在 00:00:07:00 的位置。在"项目"面板中，选中"03"文件，将其拖曳到"时间轴"面板中的"视频 1（V1）"轨道中，如图 3-60 所示。将时间标签放置在 00:00:10:00 的位置。将鼠标指针放在"03"文件的结束位置并单击，显示编辑点。当鼠标指针呈 ◀ 形状时，向左拖曳到 00:00:10:00 的位置，如图 3-61 所示。

图 3-60

图 3-61

（5）在"项目"面板中，选中"04"和"05"文件，分别将它们拖曳到"时间轴"面板中的"视频 1（V1）"轨道和"视频 3（V3）"轨道中，如图 3-62 所示。将时间标签放置在 00:00:14:24 的位置。将鼠标指针放在"05"文件的结束位置并单击，显示编辑点。按 E 键，将所选编辑点扩展到时间标签的位置，如图 3-63 所示。

图 3-62

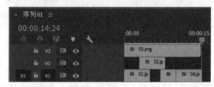

图 3-63

（6）将时间标签放置在 0s 的位置。选中"时间轴"面板中的"05"文件。选择"效果控件"面板，展开"运动"选项，将"位置"选项设置为 1120.0 和 83.0，如图 3-64 所示。

（7）选择"效果"面板，展开"视频过渡"分类选项，单击"溶解"子选项前面的 ▶ 按钮将其展开，选中"白场过渡"效果，如图 3-65 所示。将"白场过渡"效果分别拖曳到"时间轴"面板中的"01"和"05"文件的开始位置，如图 3-66 所示。

图 3-64

图 3-65

图 3-66

（8）选择"效果"面板，单击"划像"子选项前面的 ▶ 按钮将其展开，选中"菱形划像"效果，如图 3-67 所示。将"菱形划像"效果拖曳到"时间轴"面板中的"02"文件的开始位置，如图 3-68 所示。

（9）选择"效果"面板，单击"缩放"子选项前面的 ▶ 按钮将其展开，选中"交叉缩放"效果，如图 3-69 所示。将"交叉缩放"效果拖曳到"时间轴"面板中的"02"文件的结束位置，如图 3-70 所示。

图 3-67

图 3-68

图 3-69

图 3-70

（10）选择"效果"面板，单击"内滑"子选项前面的 ▶ 按钮将其展开，选中"带状内滑"效果，如图 3-71 所示。将"带状内滑"效果拖曳到"时间轴"面板中的"03"文件的结束位置和"04"文件的开始位置，如图 3-72 所示。

图 3-71

图 3-72

（11）选择"效果"面板，单击"溶解"子选项前面的 ▶ 按钮将其展开，选中"黑场过渡"效果，如图 3-73 所示。将"黑场过渡"效果分别拖曳到"时间轴"面板中的"04"和"05"文件的结束位置，如图 3-74 所示。家居短视频的转场添加完成。

图 3-73

图 3-74

项目实践 添加美食创意宣传片的转场

【项目知识要点】使用"导入"命令导入视频文件，使用"划出"效果、"随机块"效果、"VR

光线"效果、"插入"效果和"随机擦除"效果制作视频之间的过渡，通过"效果控件"面板编辑过渡，最终效果如图 3-75 所示。

【效果所在位置】Ch03/添加美食创意宣传片的转场/添加美食创意宣传片的转场.prproj。

微课

添加美食创意
宣传片的转场

图 3-75

课后习题 添加滑雪运动宣传片的转场

【习题知识要点】使用"导入"命令导入素材文件，使用"立方体旋转"效果、"带状内滑"效果和"圆划像"效果制作视频之间的过渡，最终效果如图 3-76 所示。

【效果所在位置】Ch03/添加滑雪运动宣传片的转场/添加滑雪运动宣传片的转场. prproj。

微课

添加滑雪运动
宣传片的转场

图 3-76

项目 4
视频效果

项目引入

本项目主要介绍 Premiere Pro 2020 中的视频效果，这些效果可以应用在视频、图片和文字上。通过本项目的学习，读者可以快速了解并掌握视频效果制作的精髓，随心所欲地创作出丰富多彩的视觉效果。

项目目标

- ✔ 熟练掌握视频效果的添加。
- ✔ 掌握视频效果的应用。
- ✔ 掌握预设效果的应用。

技能目标

- ✔ 掌握城市形象宣传片波纹转场的制作方法。
- ✔ 掌握汤圆短视频模糊特效的制作方法。

素养目标

- ✔ 培养良好的艺术感知能力和审美能力。
- ✔ 培养创造性思维。

任务 4.1　视频效果的应用

为素材添加一个效果很简单，只需从"效果"面板中拖曳一个效果到"时间轴"面板中的素材片段上即可。如果素材片段处于被选中状态，可以拖曳效果到该片段的"效果控件"面板中，也可以直接双击效果来应用。下面将对 Premiere Pro 2020 中的部分视频效果进行详细的介绍。

4.1.1 变换

“变换”子选项主要通过对影像进行变换来制作出各种画面效果，共包含 5 种效果，如图 4-1 所示。使用不同的效果后，效果如图 4-2 所示。

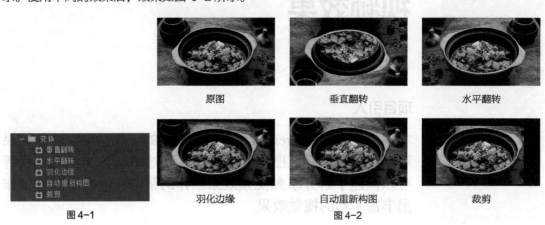

图 4-1

原图　垂直翻转　水平翻转

羽化边缘　自动重新构图　裁剪

图 4-2

4.1.2 实用程序

“实用程序”子选项仅包含“Cineon 转换器”一种效果，该效果主要是使用 Cineon 转换器对影像色调进行调整和设置，如图 4-3 所示。使用前后的效果如图 4-4 所示。

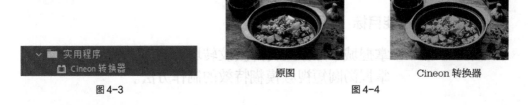

图 4-3

原图　Cineon 转换器

图 4-4

4.1.3 扭曲

“扭曲”子选项主要通过对图像进行几何扭曲变形来制作出各种画面变形效果，共包含 12 种效果，如图 4-5 所示。使用不同的效果后，效果如图 4-6 所示。

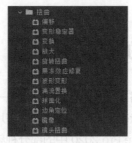

图 4-5

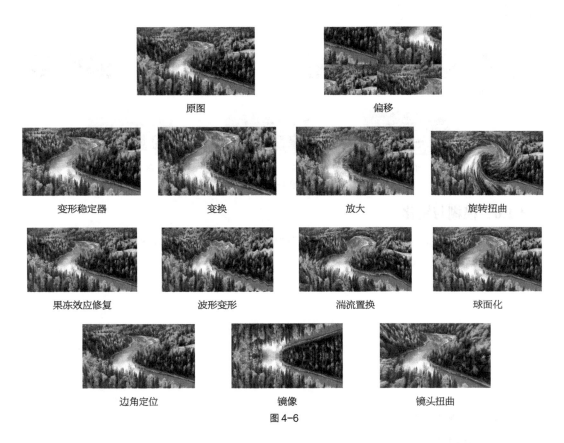

原图　　　　　　　　　　　　　　偏移

变形稳定器　　　　变换　　　　放大　　　　旋转扭曲

果冻效应修复　　　波形变形　　　湍流置换　　　球面化

边角定位　　　　　镜像　　　　　镜头扭曲

图 4-6

4.1.4　时间

"时间"子选项用于对素材的时间特性进行控制，共包含两种效果，如图 4-7 所示。使用不同的效果后，效果如图 4-8 所示。

图 4-7

原图　　　　　　　残影　　　　　　色调分离时间

图 4-8

4.1.5　杂色与颗粒

"杂波与颗粒"子选项主要用于去除素材画面中的擦痕及噪点，共包含 6 种效果，如图 4-9 所示。使用不同的效果后，效果如图 4-10 所示。

图 4-9

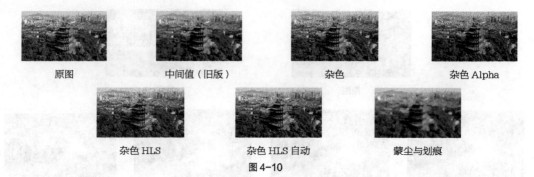

原图　　　　中间值（旧版）　　　　杂色　　　　杂色 Alpha

杂色 HLS　　　　杂色 HLS 自动　　　　蒙尘与划痕

图 4-10

4.1.6　模糊与锐化

"模糊与锐化"子选项主要针对镜头画面进行锐化或模糊处理，共包含 8 种效果，如图 4-11 所示。使用不同的效果后，效果如图 4-12 所示。

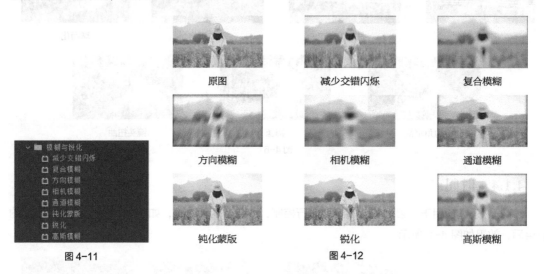

原图　　　　减少交错闪烁　　　　复合模糊

方向模糊　　　　相机模糊　　　　通道模糊

钝化蒙版　　　　锐化　　　　高斯模糊

图 4-11　　　　　　　　　　　　图 4-12

4.1.7　沉浸式视频

"沉浸式视频"子选项主要是通过 VR 技术来实现 VR 效果，共包含 11 种效果，如图 4-13 所示。使用不同的效果后，效果如图 4-14 所示。

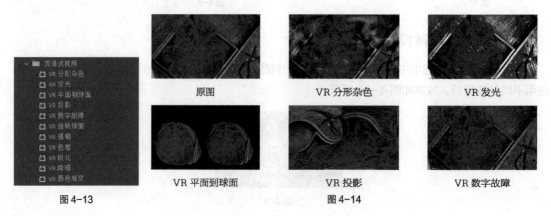

原图　　　　VR 分形杂色　　　　VR 发光

VR 平面到球面　　　　VR 投影　　　　VR 数字故障

图 4-13　　　　　　　　　　　　图 4-14

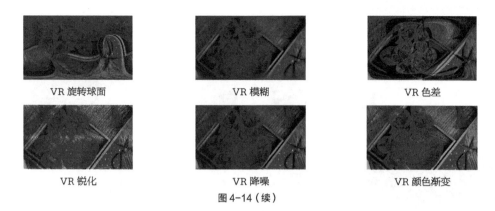

图 4-14（续）

4.1.8　生成

"生成"子选项主要用来生成一些效果，共包含 12 种效果，如图 4-15 所示。使用不同的效果后，效果如图 4-16 所示。

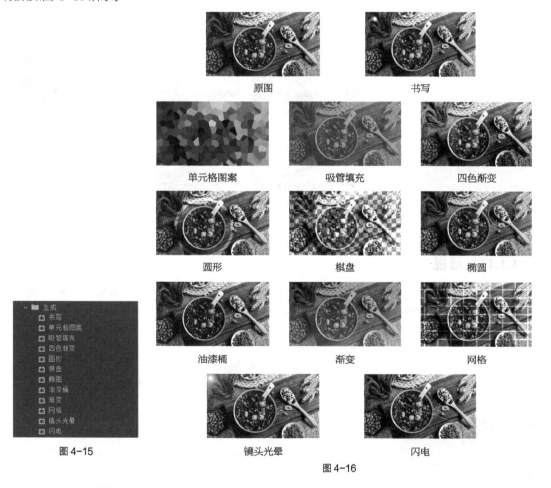

图 4-15

图 4-16

4.1.9　视频

"视频"子选项用于对视频特性进行控制，共包含 4 种效果，如图 4-17 所示。使用不同的效果后，效果如图 4-18 所示。

图 4-17　　　　图 4-18

4.1.10　过渡

"过渡"子选项主要用于生成两个素材之间的过渡，共包含 5 种效果，如图 4-19 所示。使用不同的效果后，效果如图 4-20 所示。

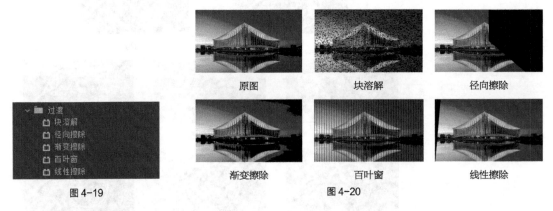

图 4-19　　　　图 4-20

4.1.11　透视

"透视"子选项主要用于制作三维透视效果，使素材产生立体感或空间感，共包含 5 种效果，如图 4-21 所示。使用不同的效果后，效果如图 4-22 所示。

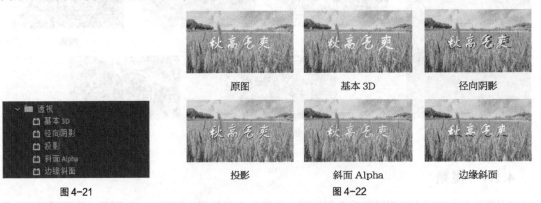

图 4-21　　　　图 4-22

4.1.12 通道

"通道"子选项可以对素材的通道进行处理，实现图像颜色、色调、饱和度和亮度等颜色属性的改变，共包含 7 种效果，如图 4-23 所示。使用不同的效果后，效果如图 4-24 所示。

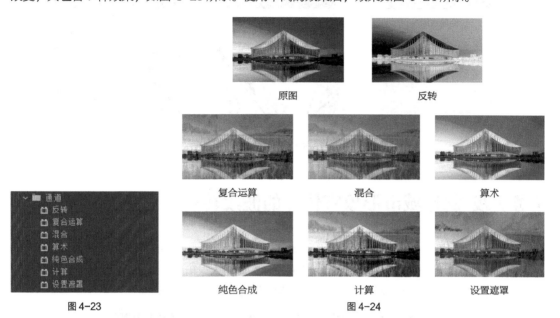

图 4-23

图 4-24

4.1.13 风格化

"风格化"子选项主要是模拟一些美术风格，实现丰富的画面效果，共包含 13 种效果，如图 4-25 所示。使用不同的效果后，效果如图 4-26 所示。

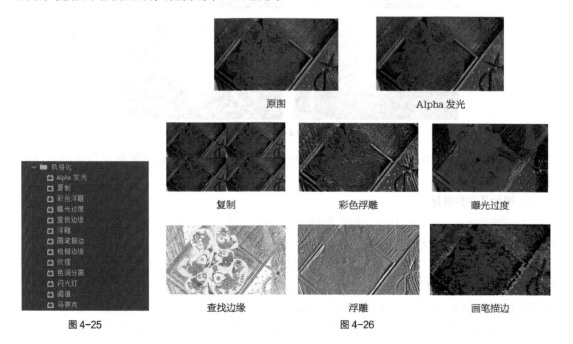

图 4-25

图 4-26

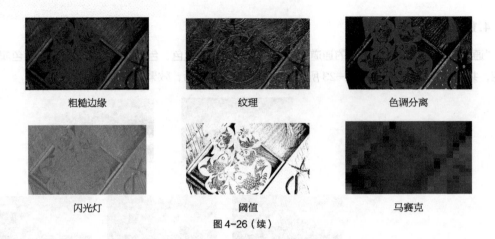

粗糙边缘　　　　　　纹理　　　　　　色调分离

闪光灯　　　　　　阈值　　　　　　马赛克

图 4-26（续）

任务实践 制作城市形象宣传片的波纹转场

【任务学习目标】学习使用"视频效果"分类选项"扭曲"子选项中的效果制作波纹转场。

【任务知识要点】使用"导入"命令导入素材文件，使用入点和出点调整素材文件，通过"湍流置换"效果和"效果控件"面板制作波纹转场，最终效果如图 4-27 所示。

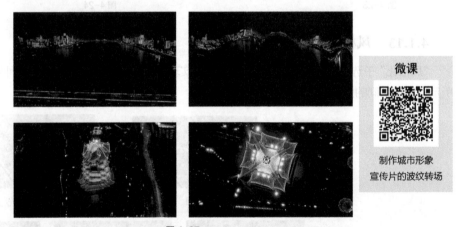

微课

制作城市形象
宣传片的波纹转场

图 4-27

【效果所在位置】Ch04/制作城市形象宣传片的波纹转场/制作城市形象宣传片的波纹转场.prproj。

1. 添加并调整素材

（1）启动 Premiere Pro 2020，选择"文件 > 新建 > 项目"命令，弹出"新建项目"对话框，如图 4-28 所示，单击"确定"按钮，新建项目。

（2）选择"文件 > 导入"命令，弹出"导入"对话框，选择本书云盘中的"Ch04/制作城市形象宣传片的波纹转场/素材/01～03"文件，如图 4-29 所示，单击"打开"按钮，将素材文件导入"项目"面板中，如图 4-30 所示。双击"项目"面板中的"01"文件，在"源"监视器窗口中打开"01"文件。将时间标签放置在 00:00:18:00 的位置，按 I 键，创建标记入点，如图 4-31 所示。

图 4-28

图 4-29

图 4-30

图 4-31

（3）将时间标签放置在 00:00:25:00 的位置，按 O 键，创建标记出点，如图 4-32 所示。选中"源"监视器窗口中的"01"文件，将其拖曳到"时间轴"面板中，生成"01"序列，且将"01"文件放置到"视频 1（V1）"轨道中，如图 4-33 所示。

图 4-32

图 4-33

（4）双击"项目"面板中的"02"文件，在"源"监视器窗口中打开"02"文件。将时间标签放置在 00:00:10:00 的位置，按 O 键，创建标记出点，如图 4-34 所示。选中"源"监视器窗口中的"02"文件，将其拖曳到"时间轴"面板中的"视频 1（V1）"轨道中，如图 4-35 所示。

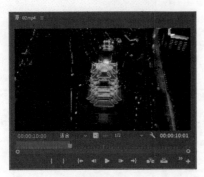

图 4-34

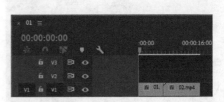

图 4-35

（5）双击"项目"面板中的"03"文件，在"源"监视器窗口中打开"03"文件。将时间标签放置在 00:00:17:00 的位置，按 I 键，创建标记入点，如图 4-36 所示。将时间标签放置在 00:00:25:00 的位置，按 O 键，创建标记出点，如图 4-37 所示。

图 4-36

图 4-37

（6）选中"源"窗口中的"03"文件，将其拖曳到"时间轴"面板中的"视频 1（V1）"轨道中，如图 4-38 所示。

2. 制作波纹转场

（1）选择"项目"面板，选择"文件 > 新建 > 调整图层"命令，弹出"调整图层"对话框，如图 4-39 所示，单击"确定"按钮，在"项目"面板中新建调整图层，如图 4-40 所示。

图 4-38

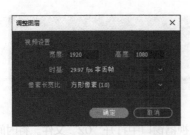

图 4-39

图 4-40

（2）将时间标签放置在 00:00:04:15 的位置。选中"项目"面板中的"调整图层"文件，将其拖曳到"时间轴"面板中的"视频 2（V2）"轨道中，如图 4-41 所示。

（3）选择"效果"面板，展开"视频效果"分类选项，单击"扭曲"子选项前面的▶按钮将其展开，选中"湍流置换"效果，如图 4-42 所示。将"湍流置换"效果拖曳到"时间轴"面板"视频 2（V2）"轨道中的"调整图层"文件上，如图 4-43 所示。

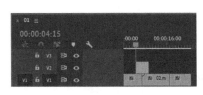

| 图 4-41 | 图 4-42 | 图 4-43 |

（4）选中"时间轴"面板中的"调整图层"文件。选择"效果控件"面板，展开"湍流置换"选项，将"数量"选项设置为 0.0，"演化"选项设置为 0.0°，单击"数量"和"演化"选项左侧的"切换动画"按钮，如图 4-44 所示，记录第 1 个动画关键帧。

（5）将时间标签放置在 00:00:06:25 的位置。将"数量"选项设置为 100.0，"演化"选项设置为 50.0°，如图 4-45 所示，记录第 2 个动画关键帧。

| 图 4-44 | 图 4-45 |

（6）将时间标签放置在 00:00:09:13 的位置。将"数量"选项设置为 0.0，"演化"选项设置为 0.0°，如图 4-46 所示，记录第 3 个动画关键帧。选择"时间轴"面板，按 Ctrl+C 组合键复制"调整图层"文件，如图 4-47 所示。

| 图 4-46 | 图 4-47 |

（7）单击"视频 2（V2）"轨道左侧的轨道名称，将其设置为目标轨道。单击"视频 1（V1）"轨道左侧的轨道名称，取消目标轨道的选择，如图 4-48 所示。将时间标签放置在 00:00:19:23 的位置，按 Ctrl+V 组合键，粘贴复制得到的文件，如图 4-49 所示。城市形象宣传片的波纹转场制作完成。

图 4-48

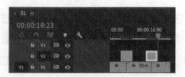
图 4-49

任务 4.2　预设效果的应用

在"效果"面板的"预设"分类选项中，包含用于常见的预设效果。使用这些预设可以快速应用，无须设置关键帧，为后期工作节省时间。

4.2.1　模糊

"模糊"子选项主要通过对影片素材的入点或出点应用预设制作出画面的快速模糊效果，共包含两种效果，如图 4-50 所示。使用不同的效果后，效果如图 4-51 所示。

图 4-50

快速模糊入点

快速模糊出点
图 4-51

4.2.2　画中画

"画中画"子选项主要通过对影片素材应用预设制作出画面的位置变化和比例缩放效果，共包含 38 种效果，部分效果如图 4-52 所示。使用不同的部分效果后，效果如图 4-53 所示。

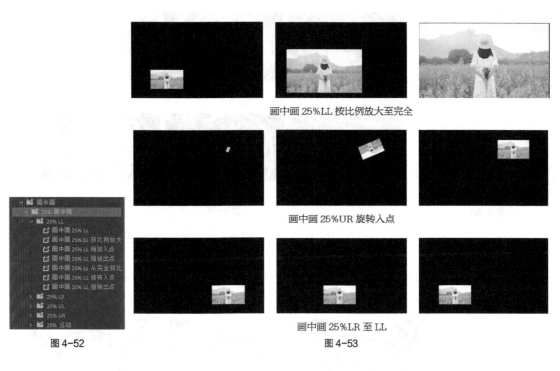

画中画 25%LL 按比例放大至完全

画中画 25%UR 旋转入点

画中画 25%LR 至 LL

图 4-52   图 4-53

4.2.3　马赛克

"马赛克"子选项主要通过对影片素材的入点或出点应用预设制作出马赛克画面效果，共包含两种效果，如图 4-54 所示。使用不同的效果后，效果如图 4-55 所示。

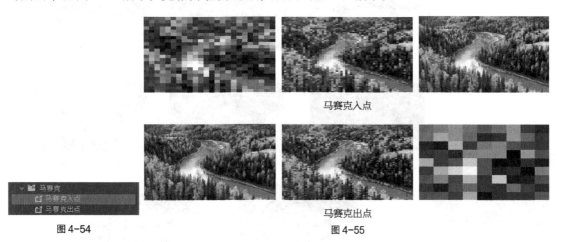

马赛克入点

马赛克出点

图 4-54   图 4-55

4.2.4　扭曲

"扭曲"子选项主要通过对影片素材的入点或出点应用预设制作出扭曲画面效果，共包含两种效果，如图 4-56 所示。使用不同的效果后，效果如图 4-57 所示。

扭曲入点

扭曲出点

图 4-56   图 4-57

4.2.5　卷积内核

　　"卷积内核"子选项主要通过运算改变影片素材中每个像素的颜色和亮度值来改变图像的质感，共包含 10 种效果，如图 4-58 所示。使用不同的效果后，效果如图 4-59 所示。

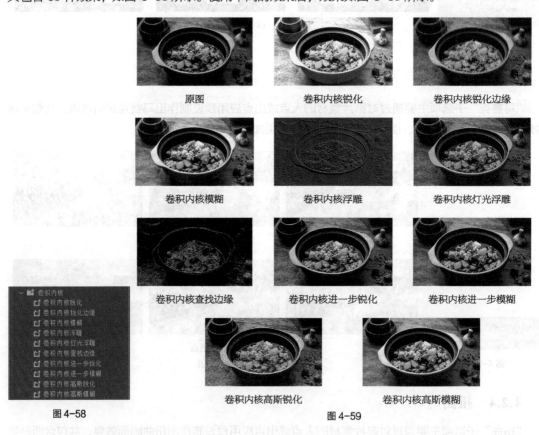

图 4-58   图 4-59

4.2.6　去除镜头扭曲

　　"去除镜头扭曲"子选项主要用于去除影片素材预设的镜头扭曲，共包含 62 种效果，部分效果如图 4-60 所示。使用不同的部分效果后，效果如图 4-61 所示。

原图

Phantom 2 Vision（480）

Phantom 3 Vision（4K）

Hero 4 Session（1080-宽）

Hero2（960-宽）

Hero3 黑色版（4K 影院-宽）

Hero3+黑色版（720-窄）

图 4-61

图 4-60

4.2.7　斜角边

"斜角边"子选项主要通过对影片素材应用预设制作出斜角边画面效果，共包含两种效果，如图 4-62 所示。使用不同的效果后，效果如图 4-63 所示。

图 4-62

原图

厚斜角边

薄斜角边

图 4-63

4.2.8　过度曝光

"过度曝光"子选项主要通过对影片素材应用预设制作出画面的过度曝光效果，共包含两种效果，如图 4-64 所示。使用不同的效果后，效果如图 4-65 所示。

过度曝光入点

过度曝光出点

图 4-65

图 4-64

任务实践 制作汤圆短视频的模糊特效

【任务学习目标】学习使用"模糊"子选项中的效果制作模糊特效。

【任务知识要点】使用"导入"命令导入素材文件，使用"不透明度"选项制作文字动画，使用"快速模糊入点"效果和"方向模糊"效果制作素材文件的模糊效果并制作动画，最终效果如图 4-66 所示。

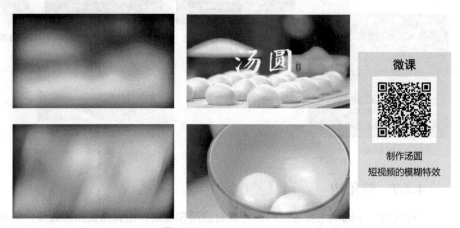

微课

制作汤圆
短视频的模糊特效

图 4-66

【效果所在位置】Ch04/制作汤圆短视频的模糊特效/制作汤圆短视频的模糊特效.prproj。

（1）启动 Premiere Pro 2020，选择"文件 > 新建 > 项目"命令，弹出"新建项目"对话框，如图 4-67 所示，单击"确定"按钮，新建项目。选择"文件 > 新建 > 序列"命令，弹出"新建序列"对话框，单击"设置"选项卡，各选项的设置如图 4-68 所示，单击"确定"按钮，新建序列。

图 4-67

图 4-68

（2）选择"文件 > 导入"命令，弹出"导入"对话框，选择本书云盘中的"Ch04/制作汤圆短视频的模糊特效/素材/01~03"文件，如图 4-69 所示，单击"打开"按钮，将素材文件导入"项目"面板中，如图 4-70 所示。

图 4-69   图 4-70

（3）在"项目"面板中，选中"01"文件，将其拖曳到"时间轴"面板中的"视频1（V1）"轨道中，弹出"剪辑不匹配警告"对话框，单击"保持现有设置"按钮，在保持现有序列设置不变的情况下，将"01"文件放置在"视频 1（V1）"轨道中，效果如图 4-71 所示。将时间标签放置在 00:00:07:16 的位置。将鼠标指针放置在"01"文件的结束位置，当鼠标指针呈◀形状时单击，显示编辑点，按 E 键，将所选编辑点扩展到时间标签█的位置，效果如图 4-72 所示。

图 4-71   图 4-72

（4）在"项目"面板中，选中"02"文件，将其拖曳到"时间轴"面板中的"视频1（V1）"轨道中，如图 4-73 所示。在"项目"面板中，选中"03"文件，将其拖曳到"时间轴"面板中的"视频 2（V2）"轨道中，如图 4-74 所示。

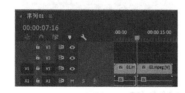

图 4-73   图 4-74

（5）将时间标签放置在 00:00:02:23 的位置。将鼠标指针放置在"03"文件的结束位置，当鼠标指针呈◀形状时单击，显示编辑点，按 E 键，将所选编辑点扩展到时间标签█的位置，效果如图 4-75 所示。将时间标签放置在 0s 的位置。选择"效果"面板，展开"预设"分类选项，单击"模糊"文件夹前面的▶按钮将其展开，选中"快速模糊入点"效果，如图 4-76 所示。将"快速模糊入点"效果拖曳到"时间轴"面板中的"01"文件上。

图 4-75　　　　　　　　　　　　　图 4-76

（6）将时间标签放置在 00：00：07：16 的位置。选择"效果"面板，展开"视频效果"分类选项，单击"模糊与锐化"文件夹前面的▶按钮将其展开，选中"方向模糊"效果，如图 4-77 所示。将"方向模糊"效果拖曳到"时间轴"面板中的"02"文件上。

（7）选择"效果控件"面板，展开"方向模糊"选项，将"方向"选项设置为 0.0，"模糊长度"选项设置为 200.0，单击"方向"和"模糊长度"选项左侧的"切换动画"按钮，如图 4-78 所示，记录第 1 个动画关键帧。将时间标签放置在 00：00：09：20 的位置。将"方向"选项设置为 30.0°，"模糊长度"选项设置为 0.0，如图 4-79 所示，记录第 2 个动画关键帧。

图 4-77　　　　　　　　　图 4-78　　　　　　　　　图 4-79

（8）将时间标签放置在 0s 的位置。选择"时间轴"面板中的"03"文件。选择"效果控件"面板，展开"不透明度"选项，将"不透明度"选项设置为 0.0%，如图 4-80 所示，记录第 1 个动画关键帧。将时间标签放置在 00：00：00：18 的位置。将"不透明度"选项设置为 100.0%，如图 4-81 所示，记录第 2 个动画关键帧。汤圆短视频的模糊特效制作完成。

图 4-80　　　　　　　　　　　　　　　图 4-81

项目实践　制作青春生活短视频的翻页转场

【项目知识要点】使用"导入"命令导入素材文件，使用入点和出点调整素材文件，使用"变换"效果和"嵌套"命令制作嵌套文件，通过"残影"效果、"径向阴影"效果和"效果控件"面板制作翻页转场，最终效果如图 4-82 所示。

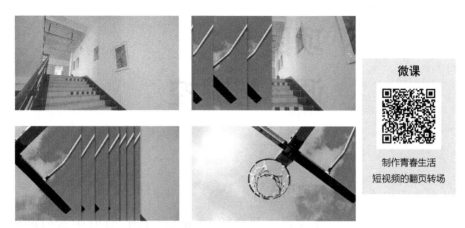

微课

制作青春生活
短视频的翻页转场

图 4-82

【效果所在位置】Ch04/制作青春生活短视频的翻页转场/制作青春生活短视频的翻页转场.prproj。

课后习题 制作古城形象宣传片的旋转转场

【习题知识要点】使用"导入"命令导入素材文件，使用入点和出点调整素材文件，使用"变换"效果和"效果控件"面板制作旋转转场，使用"Lumetri 颜色"效果调整图像颜色，最终效果如图 4-83 所示。

微课

制作古城形象
宣传片的旋转转场

图 4-83

【效果所在位置】Ch04/制作古城形象宣传片的旋转转场/制作古城形象宣传片的旋转转场.prproj。

项目 5
调色与键控

项目引入

本项目主要介绍 Premiere Pro 2020 中素材调色与键控的基础设置方法。调色与键控属于 Premiere Pro 2020 剪辑中较高级的应用，它可以使影片通过剪辑产生画面合成效果。通过本项目的学习，读者可以掌握 Premiere Pro 2020 的调色与键控技术。

项目目标

- ✔ 熟练掌握调色效果的应用。
- ✔ 掌握键控效果的应用。

技能目标

- ✔ 掌握影视效果短视频怀旧特效的制作方法。
- ✔ 掌握抠出折纸素材并合成到栏目片头的技巧。

素养目标

- ✔ 培养敏锐的色彩感知能力。
- ✔ 养成不断改进学习方法的学习习惯。

任务 5.1　调色

在 Premiere Pro 2020 的"效果"面板中，包含一些专门用于改变图像亮度、对比度和颜色的效果，这些颜色增强工具集中于"视频效果"分类选项的 4 个子选项（分别为"图像控制""调整""过时""颜色校正"）和"Lumetri 预设"分类选项中。下面分别进行详细讲解。

5.1.1　图像控制

"图像控制"子选项主要用于对素材色彩进行处理。它广泛应用于视频编辑中，可以处理一些前期拍摄中所遗留下的缺陷，或使素材达到某种预期的效果。"图像控制"子选项是一组重要的视频效果，共包含 5 种效果，如图 5-1 所示。使用不同的效果后，效果如图 5-2 所示。

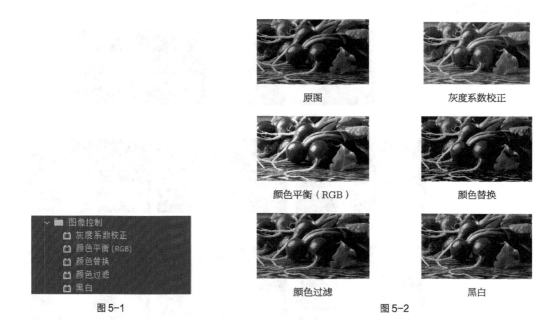

图 5-1

图 5-2

5.1.2 调整

"调整"子选项用于调整素材文件的明暗度，并添加光照效果，共包含 5 种效果，如图 5-3 所示。使用不同的效果后，效果如图 5-4 所示。

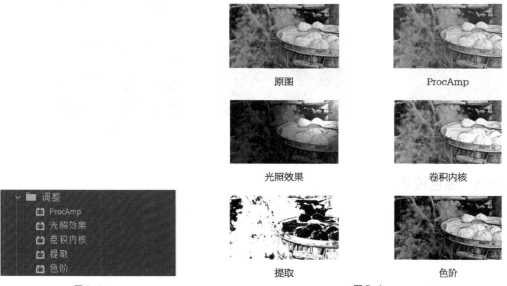

图 5-3

图 5-4

5.1.3 过时

"过时"子选项用于对视频素材进行颜色分级与校正，共包含12种效果，如图5-5所示。使用不同的效果后，效果如图5-6所示。

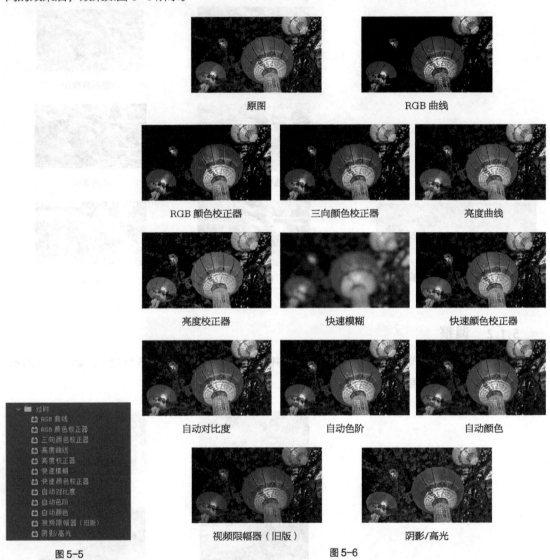

图 5-5

图 5-6

5.1.4 颜色校正

"颜色校正"子选项主要用于对视频素材进行颜色校正，共包含12种效果，如图5-7所示。使用不同的效果后，效果如图5-8所示。

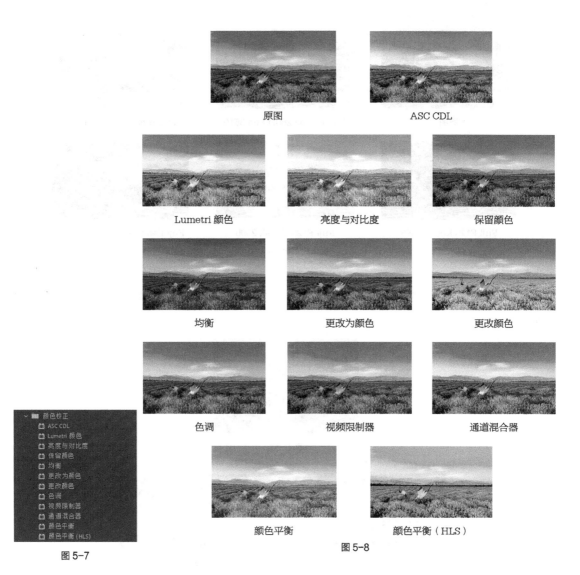

原图   ASC CDL

Lumetri 颜色   亮度与对比度   保留颜色

均衡   更改为颜色   更改颜色

色调   视频限制器   通道混合器

颜色平衡   颜色平衡（HLS）

图 5-7   图 5-8

5.1.5　Lumetri 预设

"Lumetri 预设"分类选项主要用于对视频素材进行预设的颜色调整，共包含 5 个子选项，具体如下。

1.　Filmstocks

在 "Filmstocks" 子选项中共包含 5 种效果，如图 5-9 所示。使用不同的效果后，效果如图 5-10 所示。

图 5-9

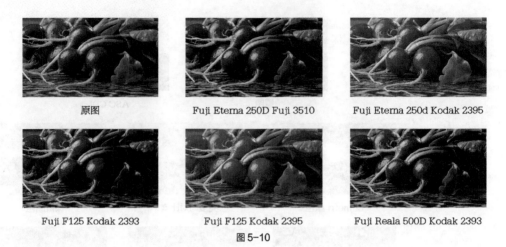

图 5-10

2. 影片

在"影片"子选项中共包含 7 种效果，如图 5-11 所示。使用不同的效果后，效果如图 5-12 所示。

图 5-11

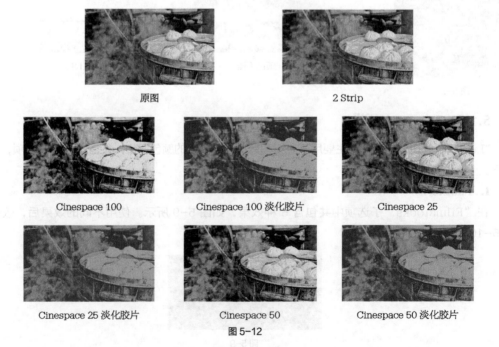

图 5-12

3. SpeedLooks

在"SpeedLooks"子选项中还包含不同的子选项,共 300 种效果,部分效果如图 5-13 所示。使用不同的部分效果后,效果如图 5-14 所示。

原图

SL 清楚出拳 NDR(Arri Alexa)

图 5-13

SL 冰蓝(Arri Alexa)

SL 亮蓝(BMC ProRes)

SL 复古棕色(Canon 1D)

SL 淘金 LDR(Canon 7D) SL Noir 红波(RED-REDLOGFILM) SL 冷蓝(Universal)

图 5-14

4. 单色

在"单色"子选项中共包含 7 种效果,如图 5-15 所示。使用不同的效果后,效果如图 5-16 所示。

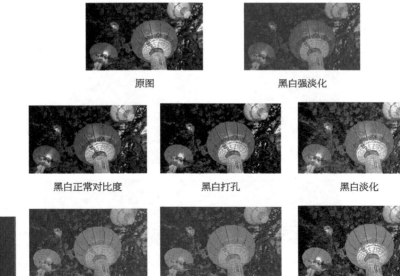

图 5-15

图 5-16

5．技术

在"技术"子选项中共包含 6 种效果，如图 5-17 所示。使用不同的效果后，效果如图 5-18 所示。

原图

合法范围转换为完整范围（10 位）

合法范围转换为完整范围（12 位）

合法范围转换为完整范围（8 位）

完整范围转换为合法范围（10 位）

图 5-17

完整范围转换为合法范围（12 位）

完整范围转换为合法范围（8 位）

图 5-18

任务实践 制作影视效果短视频的怀旧特效

【任务学习目标】使用"调整"子选项中的效果制作怀旧特效。

【任务知识要点】使用"导入"命令导入视频文件，使用"ProcAmp"和"颜色平衡"效果调整图像，使用"DE_AgedFilm"第三方效果制作怀旧特效，最终效果如图 5-19 所示。

微课

制作影视效果
短视频的怀旧特效

图 5-19

【效果所在位置】Ch05/制作影视效果短视频的怀旧特效/制作影视效果短视频的怀旧特

效.prproj。

（1）启动 Premiere Pro 2020，选择"文件 > 新建 > 项目"命令，弹出"新建项目"对话框，如图 5-20 所示，单击"确定"按钮，新建项目。

（2）选择"文件 > 导入"命令，弹出"导入"对话框，选择本书云盘中的"Ch05/制作影视效果短视频的怀旧特效/素材/01"文件，如图 5-21 所示，单击"打开"按钮，将素材文件导入"项目"面板中，如图 5-22 所示。选择"项目"面板中的"01"文件，并将其拖曳到"时间轴"面板中生成"01"序列，且将"01"文件放置到"视频 1（V1）"轨道中，如图 5-23 所示。

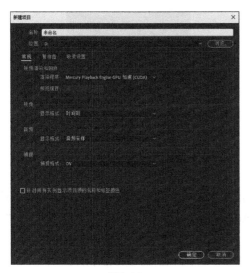

图 5-20

图 5-21

图 5-22

图 5-23

（3）选择"效果"面板，展开"视频效果"分类选项，单击"调整"子选项前面的▶按钮将其展开，选中"ProcAmp"效果，如图 5-24 所示。

（4）将"ProcAmp"效果拖曳到"时间轴"面板中的"01"文件上，如图 5-25 所示。在"效果控件"面板中，展开"ProcAmp"选项，将"对比度"选项设置为 115.0，"饱和度"选项设置为 50.0，如图 5-26 所示。

（5）选择"效果"面板，单击"颜色校正"子选项前面的▶按钮将其展开，选中"颜色平衡"效果，如图 5-27 所示。将"颜色平衡"效果拖曳到"时间轴"面板中的"01"文件上。选择"效果控件"面板，展开"颜色平衡"选项并进行参数设置，如图 5-28 所示。

图 5-24

图 5-25

图 5-26

图 5-27

图 5-28

（6）选择"效果"面板，单击"Digieffects Damage v2.5"子选项前面的▶按钮将其展开，选中"DE_AgedFilm"效果，如图 5-29 所示。将"DE_AgedFilm"效果拖曳到"时间轴"面板中的"01"文件上。

（7）在"效果控件"面板中，展开"DE_AgedFilm"选项并进行参数设置，如图 5-30 所示。影视效果短视频的怀旧特效制作完成。

图 5-29

图 5-30

任务 5.2　键控

"键控"子选项是使用特定的颜色值（颜色键控）和亮度值（亮度键控）来定义视频素材中的透明区域，共包含 9 种效果，如图 5-31 所示。使用不同的效果后，效果如图 5-32 所示。

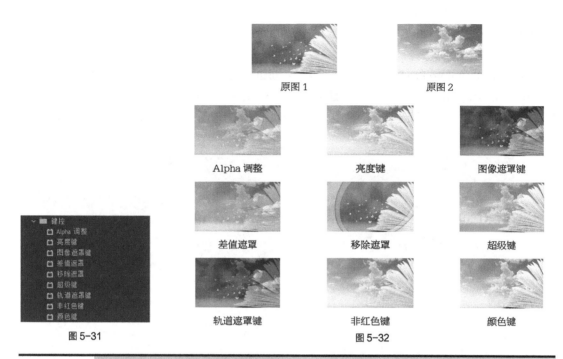

原图 1   原图 2

Alpha 调整   亮度键   图像遮罩键

差值遮罩   移除遮罩   超级键

轨道遮罩键   非红色键   颜色键

图 5-31   图 5-32

提示

（1）"移除遮罩"效果调整的是透明和不透明的边界，可以减少白色或黑色边界。

（2）使用"图像遮罩键"效果进行图像遮罩时，遮罩图像和文件夹的名称都不能使用中文，否则"图像遮罩键"效果将不起作用。

任务实践 抠出折纸素材并合成到栏目片头

【任务学习目标】学习使用"键控"子选项中的效果抠出视频文件中的折纸素材。

【任务知识要点】使用"导入"命令导入视频文件，使用"颜色键"效果抠出折纸素材，使用"效果控件"面板制作文字动画，最终效果如图 5-33 所示。

图 5-33

微课

抠出折纸素材
并合成到栏目片头

【效果所在位置】Ch05/抠出折纸素材并合成到栏目片头/抠出折纸素材并合成到栏目片头.prproj。

（1）启动 Premiere Pro 2020，选择"文件 > 新建 > 项目"命令，弹出"新建项目"对话框，如图 5-34 所示，单击"确定"按钮，新建项目。选择"文件 > 新建 > 序列"命令，弹出"新建序列"对话框，单击"设置"选项卡，各选项的设置如图 5-35 所示，单击"确定"按钮，新建序列。

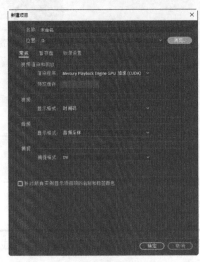

图 5-34　　　　　　　　　　　　　　　　　　　图 5-35

（2）选择"文件 > 导入"命令，弹出"导入"对话框，选择本书云盘中的"Ch05/抠出折纸素材并合成到栏目片头/素材/01~03"文件，如图 5-36 所示。单击"打开"按钮，将素材文件导入"项目"面板中，如图 5-37 所示。

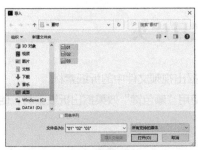

图 5-36　　　　　　　　　　　　　　　　　　　图 5-37

（3）在"项目"面板中，选中"01"文件，将其拖曳到"时间轴"面板中的"视频1（V1）"轨道中，弹出"剪辑不匹配警告"对话框，单击"保持现有设置"按钮，在保持现有序列设置不变的情况下，将"01"文件放置在"视频1（V1）"轨道中，效果如图 5-38 所示。选择"时间轴"面板中的"01"文件。选择"效果控件"面板，展开"运动"选项，将"缩放"选项设置为 67.0，如图 5-39 所示。

（4）在"项目"面板中，选中"02"文件，将其拖曳到"时间轴"面板中的"视频2（V2）"轨道中，如图 5-40 所示。选择"效果"面板，展开"视频效果"分类选项，单击"键控"子选项前面的按钮将其展开，选中"颜色键"效果，如图 5-41 所示。

图 5-38

图 5-39

图 5-40

图 5-41

（5）将"颜色键"效果拖曳到"时间轴"面板"视频 2（V2）"轨道中的"02"文件上，如图 5-42 所示。选择"效果控件"面板，展开"颜色键"选项，将"主要颜色"选项设置为蓝色（4、1、167），"颜色容差"选项设置为 32，"边缘细化"选项设置为 3，如图 5-43 所示。

图 5-42

图 5-43

（6）在"项目"面板中，选中"03"文件并将其拖曳到"时间轴"面板中的"视频 3（V3）"轨道中，如图 5-44 所示。将鼠标指针放在"03"文件的结束位置并单击，显示编辑点。当鼠标指针呈◀形状时，向右拖曳到"02"文件的结束位置，如图 5-45 所示。

图 5-44

图 5-45

（7）选中"时间轴"面板中的"03"文件。选择"效果控件"面板，展开"运动"选项，将"缩放"选项设置为 0.0，单击"缩放"选项左侧的"切换动画"按钮🕐，如图 5-46 所示，记录第 1 个动画关键帧。将时间标签放置在 00:00:02:07 的位置。将"缩放"选项设置为 170.0，如图 5-47 所示，记录第 2 个动画关键帧。抠出折纸素材并合成到栏目片头完成。

图 5-46

图 5-47

项目实践 调整风景短视频的画面颜色

【项目知识要点】使用"导入"命令导入视频文件，通过"Lumetri 颜色"效果和"效果控件"面板调整视频的画面颜色，使用"交叉溶解"效果添加视频间的过渡，最终效果如图 5-48 所示。

【效果所在位置】Ch05/调整风景短视频的画面颜色/调整风景短视频的画面颜色.prproj。

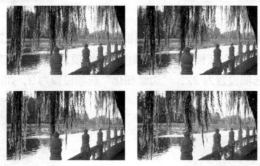

微课

调整风景短视频的画面颜色

图 5-48

课后习题 制作小巷短视频的绘画效果

【习题知识要点】使用"导入"命令导入视频文件，使用"查找边缘"效果、"色阶"效果、"自动颜色"效果和"色彩"效果制作绘画效果，通过"效果控件"面板和"高斯模糊"效果制作文字特效，最终效果如图 5-49 所示。

【效果所在位置】Ch05/制作小巷短视频的绘画效果/制作小巷短视频的绘画效果.prproj。

微课

制作小巷短视频的绘画效果

图 5-49

项目 6
添加字幕

项目引入

本项目主要介绍添加字幕的方法，并对字幕的编辑与修饰及运动字幕的创建进行详细地讲解。通过本项目的学习，读者可以掌握创建与编辑字幕的方法和技巧。

项目目标

- ✔ 熟练掌握字幕文字的创建方法。
- ✔ 掌握编辑与修饰字幕文字的技巧。
- ✔ 掌握创建运动字幕的方法。

技能目标

- ✔ 掌握饭庄宣传片片头遮罩文字的制作方法。
- ✔ 掌握动物世界纪录片滚动字幕的制作技巧。

素养目标

- ✔ 加强文字基本功。
- ✔ 培养细致的工作作风。

任务 6.1　创建与编辑字幕文字

在 Premiere Pro 2020 中，可以非常便捷地创建出传统字幕、图形字幕和开放式字幕，也可以创建出路径字幕及段落字幕。字幕创建完成后，还需要对其进行相应的编辑和修饰，下面进行详细介绍。

6.1.1　创建传统字幕

创建水平或垂直传统字幕的操作步骤如下。

（1）选择"文件 > 新建 > 旧版标题"命令，弹出"新建字幕"对话框，各选项的设置如图 6-1 所示，单击"确定"按钮，弹出"字幕"面板，如图 6-2 所示。

图 6-1

图 6-2

（2）单击左上角的▤按钮，在弹出的菜单中选择"工具"命令，如图 6-3 所示，弹出"旧版标题工具"面板，如图 6-4 所示。

图 6-3

图 6-4

（3）选择"旧版标题工具"面板中的"文字"工具▥，在"字幕"面板中分别单击并输入需要的文字，效果如图 6-5 所示。单击左上角的▤按钮，在弹出的菜单中选择"样式"命令，弹出"旧版标题样式"面板，如图 6-6 所示。

图 6-5

图 6-6

（4）在"旧版标题样式"面板中选择需要的字幕样式，如图 6-7 所示，"字幕"面板中的文字如图 6-8 所示。

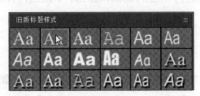

图 6-7

图 6-8

（5）在"字幕"面板上方的属性栏中分别设置字体和字号，"字幕"面板中的文字如图6-9所示。用相同的方法添加文字和印章，如图6-10所示。选择"旧版标题工具"面板中的"垂直文字"工具**IT**，在"字幕"面板中单击可以添加垂直文字，并设置字幕样式和属性。

图6-9

图6-10

6.1.2　创建图形字幕

创建水平或垂直图形字幕的操作步骤如下。

（1）选择"工具"面板中的"文字"工具**T**，在"节目"窗口中分别单击并输入需要的文字，效果如图6-11所示。在"时间轴"面板中的"视频2（V2）"轨道中生成图形文件，如图6-12所示。

图6-11

图6-12

（2）选择"窗口 > 基本图形"命令，弹出"基本图形"面板，单击"编辑"选项卡，如图6-13所示。在"外观"栏中将"填充"选项设置为白色，"文本"栏中的设置如图6-14所示。"基本图形"面板"对齐并变换"栏中的设置如图6-15所示。

图6-13

图6-14

图6-15

（3）选择并设置其他文字，"节目"窗口中的效果如图6-16所示。用相同的方法添加文字和印章，如图6-17所示。选择"工具"面板中的"垂直文字"工具**IT**，在"节目"窗口中单击以输入垂直文字。

图 6-16　　　　　　　　　　　图 6-17

6.1.3　创建开放式字幕

创建开放式字幕的操作步骤如下。

（1）选择"文件 > 新建 > 字幕"命令，弹出"新建字幕"对话框，各选项的设置如图 6-18 所示。单击"确定"按钮，"项目"面板中会生成"开放式字幕"文件，如图 6-19 所示。

图 6-18　　　　　　　　　　　图 6-19

（2）双击"项目"面板中的"开放式字幕"文件，弹出"字幕"面板，如图 6-20 所示。在面板右下角的文本框中输入字幕文字，并在上方的属性设置栏中设置文字字体、字号、行距、文本颜色、背景不透明度和字幕块位置，如图 6-21 所示。

图 6-20　　　　　　　　　　　图 6-21

（3）在"字幕"面板下方单击　　　按钮，添加字幕，如图 6-22 所示。在面板右下角输入字幕文字，并在上方的属性设置栏中设置文字大小、文本颜色、背景不透明度和字幕块位置，如图 6-23 所示。

 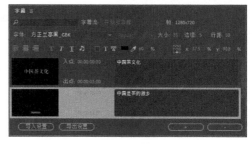

图 6-22　　　　　　　　　　　　图 6-23

（4）在"项目"面板中，选中"开放式字幕"文件并将其拖曳到"时间轴"面板中的"视频 2（V2）"轨道中，如图 6-24 所示。将鼠标指针放在"开放式字幕"文件的结束位置，当鼠标指针呈◀形状时，向右拖曳到"01"文件的结束位置，如图 6-25 所示，"节目"窗口中的效果如图 6-26 所示。将时间标签放置在 00:00:03:00 的位置，"节目"窗口中的效果如图 6-27 所示。

图 6-24　　　　　　　　　　　　图 6-25

图 6-26　　　　　　　　　　　　图 6-27

6.1.4　创建路径字幕

创建水平或垂直路径字幕的操作步骤如下。

（1）选择"文件 > 新建 > 旧版标题"命令，弹出"新建字幕"对话框，各选项的设置如图 6-28 所示。单击"确定"按钮，弹出"字幕"面板，如图 6-29 所示。

图 6-28　　　　　　　　　　　　图 6-29

（2）单击左上角的 ▤ 按钮，在弹出的菜单中选择"工具"命令，如图 6-30 所示，弹出"旧版标题工具"面板，如图 6-31 所示。

图 6-30

图 6-31

（3）选择"旧版标题工具"面板中的"路径文字"工具 ✎，在"字幕"面板中拖曳鼠标，绘制路径，如图 6-32 所示。选择"路径文字"工具 ✎，在路径上单击以插入光标，输入需要的文字，如图 6-33 所示。

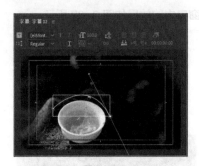

图 6-32

图 6-33

（4）单击左上角的 ▤ 按钮，在弹出的菜单中选择"属性"命令，如图 6-34 所示，弹出"旧版标题属性"面板，展开"填充"栏，将"颜色"选项设置为白色；展开"属性"栏，各选项的设置如图 6-35 所示，"字幕"面板中的效果如图 6-36 所示。用相同的方法制作垂直路径文字，"字幕"面板中的效果如图 6-37 所示。

图 6-34

图 6-35

图 6-36

图 6-37

6.1.5 创建段落字幕

1. 在"字幕"面板中创建段落字幕

（1）选择"文件 > 新建 > 旧版标题"命令，弹出"新建字幕"对话框，各选项的设置如图 6-38 所示，单击"确定"按钮，弹出"字幕"面板。选择"旧版标题工具"面板中的"文字"工具 **T**，在"字幕"面板中拖曳出文本框，如图 6-39 所示。

图 6-38   图 6-39

（2）在"字幕"面板中输入需要的段落文字，如图 6-40 所示。在"旧版标题属性"面板中展开"填充"栏，将"颜色"选项设置为白色；展开"属性"栏，各选项的设置如图 6-41 所示，"字幕"面板中的效果如图 6-42 所示。用相同的方法制作垂直段落文字，"字幕"面板中的效果如图 6-43 所示。

图 6-40   图 6-41

图 6-42   图 6-43

2. 在"节目"窗口中创建段落字幕

选择"工具"面板中的"文字"工具 **T**，直接在"节目"窗口中拖曳出文本框并输入文字，在"基本图形"面板中编辑文字，效果如图 6-44 所示。用相同的方法输入垂直段落文字，效果如图 6-45 所示。

图 6-44

图 6-45

6.1.6 编辑字幕文字

1. 编辑传统字幕

（1）在"字幕"面板中输入文字并设置文字属性，如图 6-46 所示。使用"选择"工具 ▶ 选取文字，将鼠标指针移至矩形框内，拖曳鼠标，可移动文字对象，效果如图 6-47 所示。

图 6-46

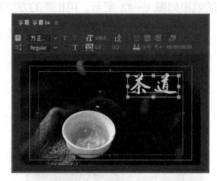
图 6-47

（2）将鼠标指针移至矩形框的任意一点上，当鼠标指针呈 ↗、↔ 或 ↘ 形状时，拖曳鼠标，可缩放文字对象，效果如图 6-48 所示。将鼠标指针移至矩形框的任意一点外侧，当鼠标指针呈 ↷、↺ 或 ↻ 形状时，拖曳鼠标，可旋转文字对象，效果如图 6-49 所示。

图 6-48

图 6-49

2. 编辑图形字幕

（1）在"节目"监视器窗口中输入文字并设置文字属性，如图 6-50 所示。使用"选择"工具▶选取文字，将鼠标指针移至矩形框内，拖曳鼠标，可移动文字对象，效果如图 6-51 所示。

图 6-50   图 6-51

（2）将鼠标指针移至矩形框的任意一点上，当鼠标指针呈↗、↔或↘形状时，拖曳鼠标，可缩放文字对象，效果如图 6-52 所示。将鼠标指针移至矩形框的任意一点外侧，当鼠标指针呈↷、↻或↺形状时，拖曳鼠标，可旋转文字对象，效果如图 6-53 所示。

图 6-52   图 6-53

（3）将鼠标指针移至矩形框的锚点⊕处，当鼠标指针呈▶形状时，拖曳到适当的位置，如图 6-54 所示。将鼠标指针移至矩形框的任意一点外侧，当鼠标指针呈↷、↻或↺形状时，拖曳鼠标，可以锚点为中心旋转文字对象，效果如图 6-55 所示。

图 6-54   图 6-55

3. 编辑开放式字幕

（1）在"节目"监视器窗口中预览开放式字幕，如图 6-56 所示。在"项目"面板中双击"开放式字幕"文件，打开"字幕"面板，设置字幕块位置为上方居中，如图 6-57 所示。

图 6-56

图 6-57

（2）在"节目"监视器窗口中预览效果，如图 6-58 所示。重新设置水平和垂直位置，在"节目"监视器窗口中预览效果，如图 6-59 所示。

图 6-58

图 6-59

6.1.7 设置字幕属性

在 Premiere Pro 2020 中可以非常方便地对字幕文字进行修饰，包括调整其位置、不透明度、字体、字号、颜色和为文字添加阴影等。

1. 在"旧版标题属性"面板中编辑传统字幕属性

在"旧版标题属性"面板的"变换"栏中可以对字幕文字和图形的不透明度、位置、高度、宽度以及旋转等属性进行设置，如图 6-60 所示。在"属性"栏中可以对字幕文字的字体、字号、外观以及字距、扭曲等一些基本属性进行设置，如图 6-61 所示。"填充"栏主要用于设置字幕文字和图形的填充类型、颜色和不透明度等属性，如图 6-62 所示。

图 6-60

图 6-61

图 6-62

"描边"栏主要用于设置文字或者图形的描边效果，可以设置内描边和外描边，如图 6-63 所示。"阴影"栏用于添加阴影效果，如图 6-64 所示。"背景"栏用于设置字幕背景的填充类型、颜色和不透明度等属性，如图 6-65 所示。

图 6-63　　　　　　　　　　图 6-64　　　　　　　　　　图 6-65

2. 在"效果控件"面板中编辑图形字幕属性

在"效果控件"面板中展开"文本"选项，展开"源文本"栏可以设置文字的字体、字体样式、字号、字距和行距等属性。"外观"栏用于设置填充、描边及阴影等，如图 6-66 所示。"变换"栏用于设置位置、缩放、旋转、不透明度、锚点等，如图 6-67 所示。

图 6-66　　　　　　　　　　　　　　图 6-67

3. 在"基本图形"面板中编辑图形字幕属性

在"基本图形"面板中，上方为文字图层和响应设置，如图 6-68 所示。"对齐并变换"栏用于设置图形的对齐、位置、旋转及比例等属性，"主样式"栏用于设置图形对象的主样式，如图 6-69 所示。"文本"栏用于设置文字的字体、字体样式、字号、字距和行距等属性。"外观"栏用于设置填充、描边及阴影等，如图 6-70 所示。

图 6-68　　　　　　　　　　图 6-69　　　　　　　　　　图 6-70

4. 在"字幕"面板中编辑开放式字幕属性

"字幕"面板的上方包含筛选字幕内容、选择字幕流及帧数显示等选项。中间部分为字幕属性设置区域，可以设置字体、大小、边缘、对齐、颜色和字幕块位置等选项。下方为显示字幕、设置入点和出点及输入字幕文本等选项。最下方为导入、导出、添加字幕及删除字幕按钮，如图 6-71 所示。

图 6-71

任务实践 制作饭庄宣传片片头的遮罩文字

【任务学习目标】学习通过"文字"工具 T 和"基本图形"面板创建字幕。

【任务知识要点】使用"导入"命令导入素材文件，使用"文字"工具 T 添加文字，在"基本图形"面板中编辑文本，通过"高斯模糊"效果、"轨道遮罩键"效果、"交叉溶解"效果和"效果控件"面板制作遮罩文字，最终效果如图 6-72 所示。

微课

制作饭庄宣传片
片头的遮罩文字

图 6-72

【效果所在位置】Ch06/制作饭庄宣传片片头的遮罩文字/制作饭庄宣传片片头的遮罩文字.prproj。

（1）启动 Premiere Pro 2020，选择"文件 > 新建 > 项目"命令，弹出"新建项目"对话框，如图 6-73 所示，单击"确定"按钮，新建项目。

（2）选择"文件 > 导入"命令，弹出"导入"对话框，选择本书云盘中的"Ch06/制作饭庄宣传片片头的遮罩文字/素材/01"文件，如图 6-74 所示，单击"打开"按钮，将素材文件导入"项目"面板中，如图 6-75 所示。将"项目"面板中的"01"文件拖曳到"时间轴"面板中，生成"01"序列，且将"01"文件放置到"视频 1（V1）"轨道中，如图 6-76 所示。

图 6-73

图 6-74

图 6-75

图 6-76

（3）按住 Alt 键的同时，选择"音频 1（A1）"轨道中的音频，如图 6-77 所示。按 Delete 键，删除音频，如图 6-78 所示。

图 6-77

图 6-78

（4）将时间标签放置在 00:00:13:00 的位置。将鼠标指针放在"01"文件的结束位置并单击，显示编辑点。当鼠标指针呈◄形状时，向左拖曳到 00:00:13:00 的位置，如图 6-79 所示。选择"时间轴"面板中的"01"文件。按住 Alt 键的同时，将其向上拖曳到"视频 2（V2）"轨道中，复制文件，如图 6-80 所示。

图 6-79

图 6-80

（5）将时间标签放置在 0s 的位置。选择"工具"面板中的"文字"工具▣，在"节目"窗口中单击并输入需要的文字，如图 6-81 所示。在"时间轴"面板中的"视频 3（V3）"轨道中生成图形文件，如图 6-82 所示。

图 6-81

图 6-82

（6）选择"窗口 > 基本图形"命令，弹出"基本图形"面板，单击"编辑"选项卡，在"外观"栏中将"填充"选项设置为黑色，"文本"栏中的设置如图 6-83 所示，"对齐并变换"栏中的设置如图 6-84 所示。"节目"窗口中的效果如图 6-85 所示。

图 6-83

图 6-84

图 6-85

（7）将鼠标指针放在图形文件的结束位置并单击，显示编辑点。当鼠标指针呈◀形状时，向右拖曳到"01"文件的结束位置上，如图 6-86 所示。选择"时间轴"面板中的图形文件。按住 Alt 键的同时，将其向上拖曳到轨道上方的空白区域，生成"视频 4（V4）"轨道，文件被复制到其中，如图 6-87 所示。

图 6-86

图 6-87

（8）将时间标签放置在 00:00:02:12 的位置。将鼠标指针放在图形文件的结束位置并单击，显示编辑点。当鼠标指针呈◀形状时，向左拖曳到 00:00:02:12 的位置，如图 6-88 所示。将时间标签放置在 0s 的位置。选择"时间轴"面板中的图形文件。选择"效果控件"面板，展开"文本（大邱饭庄）"选项，在"外观"栏中将"填充"选项设置为白色，如图 6-89 所示。

图 6-88

图 6-89

（9）选择"效果"面板，展开"视频效果"分类选项，单击"模糊与锐化"子选项前面的 ▶ 按钮将其展开，选中"高斯模糊"效果，如图 6-90 所示。将"高斯模糊"效果拖曳到"时间轴"面板中的"视频 1（V1）"轨道中的"01"文件上。在"效果控件"面板中，展开"高斯模糊"选项，将"模糊度"选项设置为 350.0，如图 6-91 所示。

图 6-90   图 6-91

（10）选择"效果"面板，单击"键控"子选项前面的 ▶ 按钮将其展开，选中"轨道遮罩键"效果，如图 6-92 所示。将"轨道遮罩键"效果拖曳到"时间轴"面板"视频 2（V2）"轨道中的"01"文件上。在"效果控件"面板中，展开"轨道遮罩键"选项，将"遮罩"选项设置为"视频 3"，如图 6-93 所示。

图 6-92   图 6-93

（11）将时间标签放置在 00:00:03:10 的位置。选择"时间轴"面板"视频 3（V3）"轨道中的图形文件。在"效果控件"面板中，展开"运动"选项，单击"缩放"选项左侧的"切换动画"按钮 ⏱，如图 6-94 所示，记录第 1 个动画关键帧。将时间标签放置在 00:00:06:10 的位置。将"缩放"选项设置为 10000.0，如图 6-95 所示，记录第 2 个动画关键帧。

图 6-94   图 6-95

（12）将时间标签放置在 0s 的位置。选择"效果"面板，展开"视频过渡"分类选项，单击"溶解"子选项前面的 ▶ 按钮将其展开，选中"交叉溶解"效果，如图 6-96 所示。将"交叉溶解"效果拖曳到"时间轴"面板"视频 4（V4）"轨道图形文件的结束位置上。在"效果控件"面板中，展开

"交叉溶解"选项，将"持续时间"选项设置为 00:00:01:00，如图 6-97 所示。饭庄宣传片片头的遮罩文字制作完成。

图 6-96

图 6-97

任务 6.2　创建运动字幕

在观看电影时，我们经常会看到影片的开头和结尾都有滚动文字，显示导演与演员的姓名等，或是影片中出现了显示人物对白的文字。这些文字可以通过使用视频编辑软件添加到视频画面中。Premiere Pro 2020 中提供了垂直滚动字幕和横向游动字幕效果。

6.2.1　制作垂直滚动字幕

制作垂直滚动字幕的操作步骤如下。

1. 在"字幕"面板中制作垂直滚动字幕

（1）启动 Premiere Pro 2020，将"01""02"素材导入"项目"面板中，再分别将其添加到"时间轴"面板中的"视频 1（V1）"和"视频 2（V2）"轨道上。

（2）选择"文件 > 新建 > 旧版标题"命令，弹出"新建字幕"对话框，单击"确定"按钮。

（3）选择"旧版标题工具"面板中的"文字"工具 **T**，在"字幕"面板中拖曳出文本框，在其中输入需要的文字并对文字属性进行相应的设置，如图 6-98 所示。

（4）在"字幕"面板中单击"滚动/游动选项"按钮 **≣**，在弹出的对话框中选中"滚动"单选项，在"定时（帧）"栏中勾选"开始于屏幕外"和"结束于屏幕外"复选框，其他参数的设置如图 6-99 所示，单击"确定"按钮。

图 6-98

图 6-99

（5）制作好的字幕会自动保存在"项目"面板中。从"项目"面板中将新建的字幕添加到"时间轴"面板的"视频2（V2）"轨道上，并将其调整为与"视频1（V1）"轨道中的素材等长，如图6-100所示。

（6）单击"节目"窗口下方的"播放-停止切换"按钮▶/■，即可预览字幕的垂直滚动效果，如图6-101和图6-102所示。

图6-100

图6-101

图6-102

2. 在"基本图形"面板中制作垂直滚动字幕

在"基本图形"面板中取消文字图层的选取状态，如图6-103所示。勾选"滚动"复选框，在弹出的选项中设置各参数，可以制作垂直滚动字幕，如图6-104所示。

图6-103

图6-104

6.2.2 制作横向游动字幕

制作横向游动字幕与制作垂直滚动字幕的操作基本相同，其操作步骤如下。

（1）启动Premiere Pro 2020，将"01""02"素材导入"项目"面板再分别将其添加到"时间轴"面板中的"视频1（V1）"和"视频2（V2）"轨道上。

（2）选择"文件 > 新建 > 旧版标题"命令，弹出"新建字幕"对话框，单击"确定"按钮。

（3）选择"旧版标题工具"面板中的"文字"工具**T**，在"字幕"面板中单击并输入需要的文字，设置字幕样式和属性，如图6-105所示。

（4）单击"字幕"面板左上方的"滚动/游动选项"按钮，在弹出的对话框中选中"向左游动"单选项，如图6-106所示，单击"确定"按钮。

（5）制作的字幕自动保存在"项目"面板中。从"项目"面板中将新建的字幕添加到"时间轴"面板的"视频3（V3）"轨道上，如图6-107所示。选择"效果"面板，展开"视频效果"分类选项，单击"键控"子选项前面的▶按钮将其展开，选中"轨道遮罩键"效果，如图6-108所示。

（6）将"轨道遮罩键"效果拖曳到"时间轴"面板的"视频2（V2）"轨道中的"02"文件上。选择"效果控件"面板，展开"轨道遮罩键"选项，设置如图6-109所示。

图6-105

图6-106

图6-107

图6-108

图6-109

（7）单击"节目"窗口下方的"播放-停止切换"按钮▶/■，即可预览字幕的横向游动效果，如图6-110和图6-111所示。

图6-110

图6-111

任务实践 制作动物世界纪录片的滚动字幕

【任务学习目标】学习输入并编辑水平文字，创建运动字幕。

【任务知识要点】使用"导入"命令导入素材文件，通过"基本图形"和"效果控件"面板制作滚动条，使用"旧版标题"命令创建文字，使用"滚动/游动选项"按钮制作滚动文字，最终效果如图6-112所示。

图 6-112

微课

制作动物世界
纪录片的滚动字幕

【效果所在位置】Ch06/制作动物世界纪录片的滚动字幕/制作动物世界纪录片的滚动字幕.prproj。

（1）启动 Premiere Pro 2020，选择"文件 > 新建 > 项目"命令，弹出"新建项目"对话框，如图 6-113 所示，单击"确定"按钮，新建项目。

（2）选择"文件 > 导入"命令，弹出"导入"对话框，选择本书云盘中的"Ch06/制作动物世界纪录片的滚动字幕/素材/01"文件，如图 6-114 所示，单击"打开"按钮，将素材文件导入"项目"面板中，如图 6-115 所示。将"项目"面板中的"01"文件拖曳到"时间轴"面板中，生成"01"序列，且将"01"文件放置到"视频 1（V1）"轨道中，如图 6-116 所示。

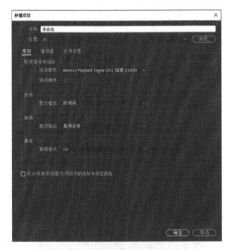

图 6-113

图 6-114

图 6-115

图 6-116

（3）选择"剪辑 > 速度/持续时间"命令，在弹出的对话框中，将"速度"选项设置为150%，如图6-117所示，单击"确定"按钮，"时间轴"面板如图6-118所示。

图6-117

图6-118

（4）选择"基本图形"面板，单击"编辑"选项卡，单击"新建图层"按钮▣，在弹出的菜单中选择"矩形"命令，在"节目"窗口中生成矩形，如图6-119所示。"时间轴"面板中的"视频2（V2）"轨道中会生成"图形"文件，如图6-120所示。

图6-119

图6-120

（5）在"基本图形"面板中选择"形状01"图层，在"外观"栏中将"填充"选项设置为黑色，"对齐并变换"栏中的设置如图6-121所示，"节目"窗口中的矩形如图6-122所示。

图6-121

图6-122

（6）在"节目"窗口中调整矩形的长宽比，效果如图6-123所示。将鼠标指针放在"图形"文件的结束位置，当鼠标指针呈◀▶形状时，向右拖曳到"01"文件的结束位置上，如图6-124所示。

图6-123

图6-124

（7）选择"文件 > 新建 > 旧版标题"命令，弹出"新建字幕"对话框，如图6-125所示，单击"确定"按钮，弹出"字幕"面板。选择"旧版标题工具"面板中的"文字"工具▣，在"字幕"面板中单击并输入需要的文字，设置适当的字体和字号，如图6-126所示。"项目"面板中将生成"字幕 01"文件。

图 6-125

图 6-126

（8）在"字幕"面板中单击"滚动/游动选项"按钮 ，在弹出的对话框中选中"向左游动"单选项，在"定时（帧）"栏中勾选"开始于屏幕外"和"结束于屏幕外"复选框，如图 6-127 所示，单击"确定"按钮，"字幕"面板如图 6-128 所示。

图 6-127

图 6-128

（9）在"项目"面板中，选中"字幕 01"文件并将其拖曳到"时间轴"面板中的"视频 3（V3）"轨道中，如图 6-129 所示。将鼠标指针放在"字幕 01"文件的结束位置，当鼠标指针呈 形状时，向右拖曳到"图形"文件的结束位置上，如图 6-130 所示。动物世界纪录片的滚动字幕制作完成。

图 6-129

图 6-130

项目实践 制作古风美景短视频的划出字幕

【项目知识要点】使用"黑白"效果将彩色图像转换为灰度图像，使用"查找边缘"效果制作图像的边缘，使用"色阶"效果调整图像的亮度和对比度，使用"高斯模糊"效果制作图像的模糊效果，通过"旧版标题"命令和"字幕"面板添加与编辑文字，使用"划出"效果制作文字过渡，最终效果如图 6-131 所示。

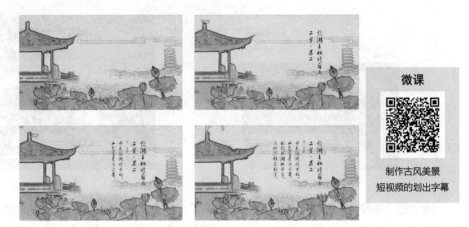

微课

制作古风美景
短视频的划出字幕

图 6-131

【效果所在位置】Ch06/制作古风美景短视频的划出字幕/制作古风美景短视频的划出字幕.prproj。

课后习题 制作霞浦旅游宣传片片头的消散文字

【习题知识要点】使用"导入"命令导入素材文件，通过"旧版标题"命令和"字幕"面板添加文字，使用"旧版标题属性"面板编辑字幕，使用"自动颜色"效果和"快速颜色校正器"效果调整素材颜色，通过"粗糙边缘"效果和"效果控件"面板制作消散文字，最终效果如图 6-132 所示。

微课

制作霞浦旅游宣传片
片头的消散文字

图 6-132

【效果所在位置】Ch06/制作霞浦旅游宣传片片头的消散文字/制作霞浦旅游宣传片片头的消散文字.prproj。

项目 7
加入音频

项目引入

本项目将对音频及音频效果的应用与编辑进行介绍，重点讲解音频轨道器、音频调节与编辑及音频效果的添加等操作。通过本项目的学习，读者可以掌握在 Premiere Pro 2020 中添加音频的方法和技巧。

项目目标

- ✓ 了解"音轨混合器"面板的使用方法。
- ✓ 熟练掌握调节和编辑音频的技巧。
- ✓ 了解分离和链接视/音频的技巧。
- ✓ 掌握音频效果的添加和设置方法。

技能目标

- ✓ 掌握动物世界纪录片音频的调整方法。
- ✓ 掌握动物世界宣传片音频特效的添加技巧。

素养目标

- ✓ 提高音乐欣赏水平。
- ✓ 提升版权意识。

任务 7.1 调整音频

在 Premiere Pro 2020 中，不仅可以使用"音轨混合器"面板调整音频，还可以在"时间轴"面板中进行音频的调整和合成工作。

7.1.1 音轨混合器

Premiere Pro 2020 大大加强了其处理音频的能力，"音轨混合器"面板可以实时混合"时间轴"

面板中各轨道的音频对象，还可以选择相应的音频控制器进行调节，如图7-1所示。

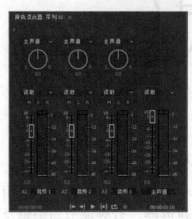

图7-1

"音轨混合器"面板由若干个轨道音频控制器、主音频控制器和播放控制器组成，每个控制器使用控制按钮和调节滑杆调节音频。

1. 轨道音频控制器

"音轨混合器"面板中的轨道音频控制器用于调节其相对轨道上的音频对象，控制器1对应"音频1（A1）"轨道、控制器2对应"音频2（A2）"轨道，依此类推。轨道音频控制器的数目由"时间轴"面板中的音频轨道数目决定，当在"时间轴"面板中添加音频时，"音轨混合器"面板中将自动添加一个轨道音频控制器与其对应。

轨道音频控制器由控制按钮、声音调节滑轮及音量调节滑杆组成。

（1）控制按钮。轨道音频控制器中的控制按钮可以设置音频调节时的状态，如图7-2所示。

单击"静音轨道"按钮 M ，可将该轨道音频设置为静音状态。

单击"独奏轨道"按钮 S ，其他未启用独奏功能的轨道音频会被自动设置为静音状态。

激活"启用轨道以进行录制"按钮 R ，可以利用输入设备将声音录制到目标轨道上。

（2）声音调节滑轮。如果对象为双声道音频，可以使用声音调节滑轮调节播放声道，如图7-3所示。逆时针旋转滑轮，输出到左声道（L）；顺时针旋转滑轮，输出到右声道（R）。

图7-2   图7-3

（3）音量调节滑杆。通过音量调节滑杆可以控制当前轨道音频对象的音量，Premiere Pro 2020以分贝数显示音量，如图7-4所示。向上拖曳滑杆，可以增加音量；向下拖曳滑杆，可以减小音量。下方数值栏中显示了当前音量，也可直接在数值栏中输入分贝数。

2. 主音频控制器

主音频控制器用于调节"时间轴"面板中所有轨道上的音频对象。主音频控制器的使用方法与轨道音频控制器相同。

3. 播放控制器

播放控制器用于音频的播放，如图 7-5 所示。

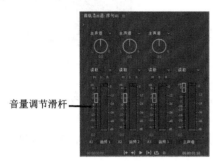

音量调节滑杆

图 7-4

图 7-5

7.1.2 调节音频

在 Premiere Pro 2020 中，对音频的调节分为"剪辑"调节和"轨道"调节。在"剪辑"调节中，音频的改变仅对当前的音频剪辑有效，删除剪辑素材后，调节效果就消失了；而"轨道"调节仅针对当前音频轨道进行调节，所有在当前音频轨道上的音频素材都会在调节范围内受到影响。使用实时记录的时候，则只能针对音频轨道进行调节。

在音频轨道左侧单击 按钮，在弹出的菜单中选择音频轨道的调节内容，如图 7-6 所示。

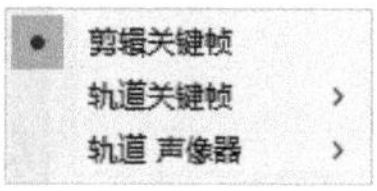

图 7-6

1. 通过"时间轴"面板调节音频

（1）在默认情况下，音频轨道为折叠状态，如图 7-7 所示。双击轨道左侧的空白处，展开轨道，如图 7-8 所示。

图 7-7

图 7-8

（2）使用"钢笔"工具 或"选择"工具 拖曳音频素材（或轨道）上的白线即可调整音量，如图 7-9 所示。

（3）按住 Ctrl 键的同时，将鼠标指针移到音频淡化器上，鼠标指针将变为带有加号的箭头，单击以添加关键帧，如图 7-10 所示。

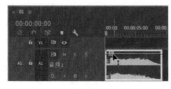

图 7-9

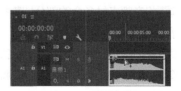

图 7-10

（4）根据需要添加多个关键帧。上下拖曳关键帧，关键帧之间的直线段将指示音频素材是淡入或者淡出：一条递增的直线段表示音频淡入，另一条递减的直线段表示音频淡出，如图 7-11 所示。

图 7-11

2. 通过"音轨混合器"面板调节音频

通过 Premiere Pro 2020 的"音轨混合器"面板调节音量非常方便，用户可以在播放音频时进行实时的音量调节。

通过"音轨混合器"面板调节音频的步骤如下。

（1）在"时间轴"面板的音频轨道左侧单击 按钮，在弹出的菜单中选择"轨道关键帧 > 音量"命令。

（2）在"音轨混合器"面板中需要进行调节的轨道上单击"自动模式"选项，在弹出的下拉列表中选择"写入"选项，如图 7-12 所示。

（3）单击"播放-停止切换"按钮 ，"时间轴"面板中的音频素材开始播放。在"音轨混合器"面板中拖曳音量控制滑杆进行调节，调节完成后，系统将自动记录结果，如图 7-13 所示。

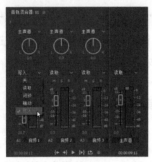

图 7-12

图 7-13

7.1.3 编辑音频

将所需要的音频导入到"项目"面板后，可以对音频素材进行编辑。本小节将介绍对音频素材的编辑处理和各种操作方法。

1. 调整速度和持续时间

与视频素材的编辑一样，在应用音频素材时，也可以对其播放速度和时间长度进行修改和设置，操作步骤如下。

（1）选中要调整的音频素材。选择"剪辑 > 速度/持续时间"命令，弹出"剪辑速度/持续时间"对话框，对音频素材的速度及持续时间进行调整，如图 7-14 所示，单击"确定"按钮。

（2）在"时间轴"面板中直接拖曳音频的边缘，可改变音频轨道上音频素材的长度。也可使用"剃刀"工具 将音频素材多余的部分切割掉，如图 7-15 所示。

2. 音频增益

音频增益指的是音频信号的声调高低。当一个视频片段同时拥有几个音频素材时，就需要平衡素材的增益。因为如果一个素材的音频信号太高或太低，就会严重影响播放时的音频效果。设置音频增益的操作步骤如下。

（1）选择"时间轴"面板中需要调整的音频素材，如图 7-16 所示。

图 7-14

图 7-15

（2）选择"剪辑 > 音频选项 > 音频增益"命令，弹出"音频增益"对话框，如图 7-17 所示，其中的"峰值振幅"参数值为软件自动计算的该素材的峰值振幅，可以作为调整增益的参考。

"将增益设置为"：可以设置增益为特定值。该值始终会更新为当前增益，未选中状态也可显示。

"调整增益值"：可以调整增益值。"将增益设置为"选项的值会根据此值自动更新。

"标准化最大峰值为"：可以设置最大峰值振幅为低于 0 dB 的任何值。

"标准化所有峰值为"：可以设置峰值振幅为低于 0 dB 的任何值。

（3）完成设置后，可以通过"源"监视器窗口查看处理后的音频波形变化，播放修改后的音频素材，试听音频效果。

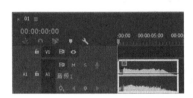

图 7-16

图 7-17

7.1.4　分离和链接视/音频

在编辑工作中，经常需要将"时间轴"面板中的视/音频链接素材的视频和音频部分分离。用户可以完全打断或者暂时释放链接素材的链接关系并重新设置各部分。

Premiere Pro 2020 中音频素材和视频素材有两种链接关系：硬链接和软链接。如果链接的视频和音频来自同一个影片文件，则它们是硬链接，"项目"面板中将只显示一个素材，硬链接是在素材输入 Premiere Pro 2020 之前就建立的，在"时间轴"面板的序列中显示为相同的颜色，如图 7-18 所示。软链接是在"时间轴"面板中建立的链接，用户可以在"时间轴"面板中为音频素材和视频素材建立软链接，软链接类似于硬链接，但链接的素材在"项目"面板中保持着各自的完整性，在序列中显示为不同的颜色，如图 7-19 所示。

图 7-18

图 7-19

如果要打断链接在一起的视/音频，可在轨道上选择对象，单击鼠标右键，在弹出的快捷菜单中选择"取消链接"命令，如图 7-20 所示。如果要把分离的视/音频素材链接在一起作为一个整体进行操作，则只需要框选需要链接的视/音频，单击鼠标右键，在弹出的快捷菜单中选择"链接"命令即可，如图 7-21 所示。

图 7-20   图 7-21

链接在一起的素材被断开后，分别移动音频和视频部分使其错位，然后再链接在一起，系统会在片段上标记警告并标注错位的时间，如图 7-22 所示，负值表示向前偏移，正值表示向后偏移。

图 7-22

任务实践 调整动物世界纪录片的音频

【任务学习目标】学习编辑音频制作淡入淡出效果。

【任务知识要点】使用"导入"命令导入素材文件，通过"效果控件"面板调整音频的淡入淡出效果，最终效果如图 7-23 所示。

【效果所在位置】Ch07/调整动物世界纪录片的音频/调整动物世界纪录片的音频.prproj。

微课

调整动物世界
纪录片的音频

图 7-23

（1）启动 Premiere Pro 2020 软件，选择"文件 > 新建 > 项目"命令，弹出"新建项目"对话框，如图 7-24 所示，单击"确定"按钮，新建项目。

（2）选择"文件 > 导入"命令，弹出"导入"对话框，选择本书云盘中的"Ch07/调整动物世界纪录片的音频/素材/01 和 02"文件，如图 7-25 所示，单击"打开"按钮，将素材文件导入到"项目"面板中，如图 7-26 所示。将"项目"面板中的"01"文件拖曳到"时间轴"面板中，生成"01"序列，且将"01"文件放置到"视频 1（V1）"轨道中，如图 7-27 所示。

图 7-24

图 7-25

图 7-26

图 7-27

（3）在"项目"面板中，选中"02"文件并将其拖曳到"时间轴"面板中的"音频 1（A1）"轨道中，覆盖原文件的音频，如图 7-28 所示。将鼠标指针放在"02"文件的结束位置并单击，显示编辑点。当鼠标指针呈◀形状时，向左拖曳到"01"文件的结束位置上，如图 7-29 所示。

图 7-28

图 7-29

（4）选择"时间轴"面板中的"02"文件。选择"效果控件"面板，展开"音量"选项，将"级别"选项设置为-999.0，如图 7-30 所示，记录第 1 个动画关键帧。将时间标签放置在 00:00:00:21 的位置，将"级别"选项设置为 0.0 dB，如图 7-31 所示，记录第 2 个动画关键帧。

图 7-30

图 7-31

（5）将时间标签放置在 00：00：06：22 的位置。将"级别"选项设置为 6.0 dB，如图 7-32 所示，记录第 3 个动画关键帧。将时间标签放置在 00：00：15：23 的位置。将"级别"选项设置为 0.0 dB，如图 7-33 所示，记录第 4 个动画关键帧。

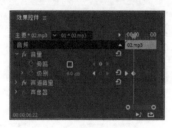

图 7-32

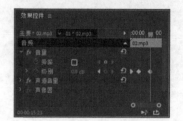

图 7-33

（6）将时间标签放置在 00：00：22：00 的位置。将"级别"选项设置为 5.7 dB，如图 7-34 所示，记录第 5 个动画关键帧。将时间标签放置在 00：00：24：09 的位置。将"级别"选项设置为-999.0，如图 7-35 所示，记录第 6 个动画关键帧。动物世界纪录片的音频调整完成。

图 7-34

图 7-35

任务7.2　音频效果

Premiere Pro 2020 提供了 20 种以上的音频效果，可以产生回声、合声以及去除噪声等多种效果，还可以使用扩展的插件得到更多的效果。

7.2.1　为素材添加效果

音频素材效果的添加方法与视频素材效果的添加方法相同，这里不赘述。在"效果"面板中展开"音频效果"分类选项，添加音频效果并进行设置即可，如图 7-36 所示。展开"音频过渡"分类选项，添加音频过渡并进行设置即可，如图 7-37 所示。

图 7-36

图 7-37

7.2.2　设置轨道效果

除了可以对轨道上的音频素材进行设置外，还可以直接对音频轨道添加效果。在"音轨混合器"面板中，单击左上方的"显示/隐藏效果和发送"按钮，展开目标轨道的效果设置栏，单击右侧设置栏上的三角形按钮，弹出音频效果的下拉列表，如图 7-38 所示，在其中选择需要使用的音频效果即可。可以在同一个音频轨道上添加多个效果并分别进行控制，如图 7-39 所示。

图 7-38

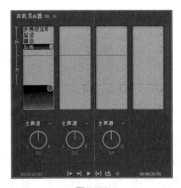

图 7-39

若要调节轨道的音频效果，可以在目标轨道的效果设置栏中单击鼠标右键，在弹出的快捷菜单中选择"编辑"命令，如图 7-40 所示，在弹出的对话框中进行更加详细的设置。图 7-41 所示为"镶边"的详细参数调整对话框。

图 7-40

图 7-41

任务实践 添加动物世界宣传片的音频特效

【任务学习目标】学习添加音频效果编辑音频的重低音。

【任务知识要点】使用"缩放"选项改变文件大小，使用"色阶"命令调整图像亮度，使用"轨道关键帧"命令制作音频的淡入淡出效果，使用"低通"效果制作低音效果，最终效果如图 7-42 所示。

【效果所在位置】Ch07/添加动物世界宣传片的音频特效/添加动物世界宣传片的音频特效.prproj。

微课

添加动物世界
宣传片的音频特效

图 7-42

（1）启动 Premiere Pro 2020 软件，选择"文件>新建>项目"命令，弹出"新建项目"对话框，如图 7-43 所示，单击"确定"按钮，新建项目。选择"文件 > 新建 > 序列"命令，弹出"新建序列"对话框，单击"设置"选项卡，各选项的设置如图 7-44 所示，单击"确定"按钮，新建序列。

（2）选择"文件 > 导入"命令，弹出"导入"对话框，选择本书云盘中的"Ch07/添加动物世界宣传片的音频特效/素材/01 和 02"文件，如图 7-45 所示，单击"打开"按钮，将素材文件导入"项目"面板中，如图 7-46 所示。

（3）在"项目"面板中，选中"01"文件并将其拖曳到"时间轴"面板中的"视频 1"轨道中，弹出"剪辑不匹配警告"对话框，单击"保持现有设置"按钮，在保持现有序列设置不变的情况下，将"01"文件放置在"视频 1（V1）"轨道中，效果如图 7-47 所示。选择"时间轴"面板中的"01"

文件。选择"效果控件"面板，展开"运动"选项，将"位置"选项设置为 640.0 和 438.0，"缩放"选项设置为 163.0，如图 7-48 所示。

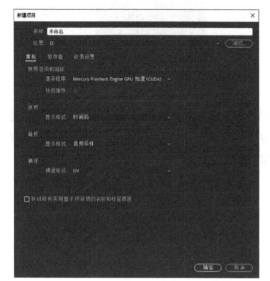

图 7-43

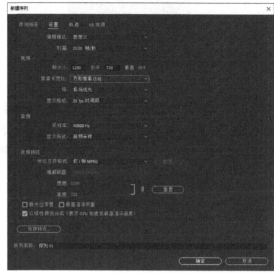

图 7-44

图 7-45

图 7-46

图 7-47

图 7-48

（4）选择"效果"面板，展开"视频效果"分类选项，单击"调整"子选项前面的 ▶ 按钮将其展开，选中"色阶"效果，如图 7-49 所示，将其拖曳到"时间轴"面板中的"01"文件上。选择"效果控件"面板，展开"色阶"选项，将"（RGB）输入黑色阶"选项设置为 50，"（RGB）输入白色阶"选项设置为 196，其他选项的设置如图 7-50 所示。

图 7-49

图 7-50

（5）在"项目"面板中选中"02"文件，将其拖曳到"时间轴"面板中的"音频 1（A1）"轨道中，如图 7-51 所示。在"音频 1（A1）"轨道上选中"02"文件，将鼠标指针放在"02"文件的尾部，当鼠标指针呈 ◀ 形状时，向左拖曳到"01"文件的结束位置上，如图 7-52 所示。

图 7-51

图 7-52

（6）在"时间轴"面板中选中"02"文件。按住 Alt 键的同时，将"02"文件拖曳到"音频 2（A2）"轨道，复制文件，如图 7-53 所示。在"音频 2（A2）"轨道的"02"文件上单击鼠标右键，在弹出的快捷菜单中选择"重命名"命令。弹出"重命名剪辑"对话框，剪辑名称的设置如图 7-54 所示，单击"确定"按钮。

图 7-53

图 7-54

（7）展开"音频 1（A1）"轨道，单击轨道左侧的"显示关键帧"按钮 ◎，在弹出的菜单中选择"轨道关键帧/音量"命令，如图 7-55 所示。单击"02"文件前面的"添加-移除关键帧"按钮 ◎，添加第 1 个关键帧，在"时间轴"面板中将"02"文件中的关键帧移至底层，如图 7-56 所示。

图 7-55

图 7-56

（8）将时间标签放置在 00:00:01:24 的位置。单击"音频 1（A1）"轨道中的"02"文件前面的"添加-移除关键帧"按钮 ◎，添加第 2 个关键帧。将"02"文件中的关键帧移至顶层，如图 7-57 所示。将时间标签放置在 00:00:05:24 的位置。单击"音频 1（A1）"轨道中的"02"文件前面的

"添加–移除关键帧"按钮 ◎，如图 7-58 所示，添加第 3 个关键帧。

图 7-57

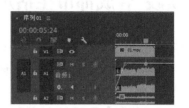
图 7-58

（9）将时间标签放置在 00:00:07:13 的位置。单击"音频 1（A1）"轨道中的"02"文件前面的"添加–移除关键帧"按钮 ◎，将"02"文件中的关键帧移至底层，如图 7-59 所示，添加第 4 个关键帧。

（10）选择"效果"面板，展开"音频效果"分类选项，选中"低通"效果，如图 7-60 所示。将"低通"效果拖曳到"时间轴"面板的"音频 2（A2）"轨道中的低音效果文件上。选择"效果控件"面板，展开"低通"选项，将"屏蔽度"选项设置为 400.0Hz，如图 7-61 所示。

图 7-59

图 7-60

图 7-61

（11）选择"剪辑 > 音频选项 > 音频增益"命令，弹出"音频增益"对话框，设置如图 7-62 所示，单击"确定"按钮。选择"音轨混合器"面板，试听最终音频效果时会看到"音频 2（A2）"轨道的电平显示，如图 7-63 所示。动物世界宣传片的音频特效添加完成。

图 7-62

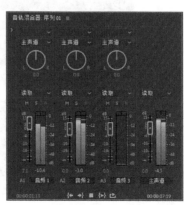
图 7-63

项目实践 合成都市生活短视频片头的音频

【项目知识要点】使用"导入"命令导入素材文件，通过"球面化"效果、"线性擦除"效果和"效果控件"面板制作文字动画，使用"速度/持续时间"命令调整音频，使用"平衡"效果调整音频的左/右声道，最终效果如图 7-64 所示。

【效果所在位置】Ch07/合成都市生活短视频片头的音频/合成都市生活短视频片头的音频.prproj。

微课

合成都市生活
短视频片头的音频

图 7-64

课后习题 调整旅游纪录片的音频

【习题知识要点】使用"导入"命令导入素材文件，使用"效果控件"面板调整音频的淡入淡出效果，最终效果如图 7-65 所示。

【效果所在位置】Ch07/调整旅游纪录片的音频/调整旅游纪录片的音频.prproj。

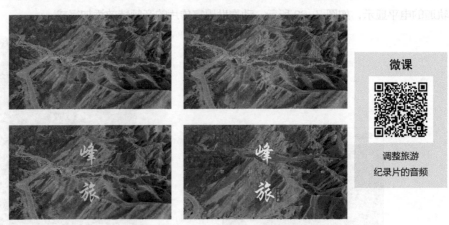

微课

调整旅游
纪录片的音频

图 7-65

项目 8
文件输出

项目引入

本项目主要介绍 Premiere Pro 与节目最终输出有关的编码器、输出的节目类型和格式及相关的参数设置。通过本项目的学习，读者可以掌握渲染输出的方法和技巧。

项目目标

- ✔ 了解可输出的文件格式。
- ✔ 掌握影片项目的预演。
- ✔ 熟练掌握输出参数的设置。
- ✔ 熟练掌握各种格式文件的渲染输出。

技能目标

- ✔ 掌握预演影片的方法。
- ✔ 掌握输出影片的技巧。

素养目标

- ✔ 培养善始善终的工作习惯。
- ✔ 培养严谨的工作作风。

任务 8.1　影片预演

影片预演是视频编辑过程中对编辑效果进行检查的重要手段，它也属于编辑工作的一部分。影片预演分为两种，一种是实时预演，另一种是生成预演，下面分别进行讲解。

8.1.1　实时预演

实时预演，也称为实时预览。实时预演的操作步骤如下。

（1）影片编辑制作完成后，在"时间轴"面板中将时间标签移动到需要预演的片段位置，如图 8-1 所示。

（2）在"节目"监视器窗口中单击"播放-停止切换"按钮▶/■，系统将开始播放节目，在"节目"监视器窗口中预览节目的最终效果，如图 8-2 所示。

图 8-1   图 8-2

8.1.2 生成预演

与实时预演不同的是，生成预演播放的画面是平滑的，不会产生停顿或跳跃，所表现出来的画面效果和渲染输出的效果是完全一致的。

选择"序列 > 渲染入点到出点"命令，可以生成预演。生成的预演文件可以重复使用，用户下一次预演该片段时会自动使用该预演文件。

在关闭该项目文件时，如果不进行保存，预演生成的临时文件会自动删除；如果用户在修改预演区域的片段后再次预演，就会重新渲染并生成新的预演临时文件。

任务实践 预演影片

【任务学习目标】学习生成预演影片。

【任务知识要点】使用"渲染入点到出点"命令进行渲染以生成预演影片。

【效果所在位置】Ch08/预演影片/预演影片.mpeg。

（1）打开效果文件。将时间标签放置在 0s 的位置，按 I 键，创建标记入点。将时间标签放置在 00:00:34:21 的位置，按 O 键，创建标记出点。确定要生成预演影片的范围，如图 8-3 所示。

（2）选择"序列 > 渲染入点到出点"命令，系统将开始进行渲染，并弹出"渲染"对话框显示渲染进度，如图 8-4 所示。

（3）在"渲染"对话框中单击"渲染详细信息"选项前面的▶按钮，可以查看渲染的开始时间、已用时间和可用磁盘空间等信息，如图 8-5 所示。

（4）渲染结束后，系统会自动播放该片段，在"时间轴"面板中，预演部分将会显示绿色线条，如图 8-6 所示。

图 8-3

图 8-4

图 8-5

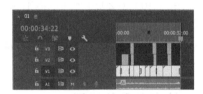

图 8-6

（5）如果用户先设置了预演文件的保存路径，就可以在计算机的磁盘中找到预演生成的临时文件，如图 8-7 所示。双击该文件，则可以脱离 Premiere Pro 2020 进行播放，如图 8-8 所示。

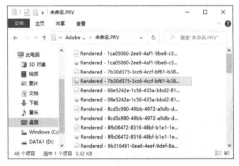

图 8-7

图 8-8

任务8.2　影片输出

Premiere Pro 2020 可以渲染输出多种格式文件，从而使视频剪辑更加方便、灵活。本任务重点介绍各种常用的输出格式和渲染输出的参数。

8.2.1　可输出的文件格式

在 Premiere Pro 2020 中，可以输出多种文件格式，包括视频格式、音频格式和图像格式等。

1. 可输出的视频格式

在 Premiere Pro 2020 中可以输出多种视频格式，常用的有以下 5 种。

（1）AVI：输出 AVI 格式的视频文件，适合保存高质量的视频文件，但文件较大。

（2）动画 GIF：输出 GIF 动画文件，可以显示视频运动画面，但不包含音频部分。

（3）QuickTime：输出 MOV 格式和 MPG 格式的数字视频文件，可以支持多种视频和音频编解码器，具有广泛的兼容性。

（4）H.264：输出 MP4 格式的视频文件，适合输出高清视频。

（5）Windows Media：输出 WMV 格式的流媒体文件，适合在网络和移动平台发布。

2. 可输出的音频格式

在 Premiere Pro 2020 中可以输出多种音频格式，常用的有以下两种。

（1）波形音频：输出 WAV 格式的音频，用于录音、音乐、歌曲等自然声的录制。

（2）AIFF：输出 AIFF 格式的音频，用于 PC 及其他电子音响设备存储音乐数据。

此外，Premiere Pro 2020 还可以输出 MP3 等格式的音频。

3. 可输出的图像格式

在 Premiere Pro 2020 中可以输出多种图像格式，主要输出的图像格式有 TGA、TIFF 和 BMP 等。

8.2.2 输出参数的设置

影片制作完成后即可输出，在输出影片之前，可以设置一些基本参数，其操作步骤如下。

（1）在"时间轴"面板中选择需要输出的视频序列，选择"文件 > 导出 > 媒体"命令，弹出"导出设置"对话框。

（2）在该对话框右侧的区域中设置文件的格式及输出区域等选项。在"格式"下拉列表中，可以选择的媒体格式如图 8-9 所示。勾选"导出视频"复选框，可输出整个编辑项目的视频部分；勾选"导出音频"复选框，可输出整个编辑项目的音频部分。

图 8-9

（3）在"视频"选项卡中，可以为输出的视频指定使用的格式、品质及影片尺寸等相关的选项参数，如图 8-10 所示。

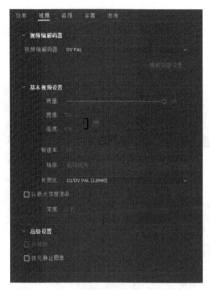

图 8-10

（4）在"音频"选项卡中，可以为输出的音频指定使用的压缩方式、采样率及量化指标等相关的选项参数，如图 8-11 所示。

图 8-11

任务实践 输出影片

【任务学习目标】学习输出影片。

【任务知识要点】使用"导出"命令导出影片。

【效果所在位置】Ch08/输出影片/输出影片.avi。

（1）打开效果文件。在"时间轴"面板中选择需要输出的序列。选择"文件 > 导出 > 媒体"命令，弹出"导出设置"对话框。

（2）在"格式"下拉列表中选择"AVI"选项。在"预设"下拉列表中选择"PAL DV"选项，如图 8-12 所示。

图 8-12

（3）在"输出名称"选项中设置文件名和文件的保存路径，勾选"导出视频"复选框和"导出音频"复选框。

（4）设置完成后，单击"导出"按钮，即可导出 AVI 格式的影片。

项目实践 输出单帧图像

【项目知识要点】使用"导出"命令输出单帧图像。

【效果所在位置】Ch08/输出单帧图像/输出单帧图像.jpg。

课后习题 输出音频文件

【习题知识要点】使用"导出"命令输出音频文件。

【效果所在位置】Ch08/输出音频文件/输出音频文件.mp3。

下篇
案例实训篇

项目 9
制作电子相册

项目引入

电子相册用于描述美丽的风景、展现亲密的友情和记录精彩的瞬间，它具有随意修改、快速检索、恒久保存及快速分发等传统相册无法比拟的优越性。本项目以多类主题的电子相册为例，讲解电子相册的构思方法和制作技巧。通过本项目的学习，读者可以掌握电子相册的制作要点，从而设计制作出精美的电子相册。

项目目标

- ✔ 了解电子相册的构成元素。
- ✔ 熟悉电子相册的设计思路。
- ✔ 掌握电子相册的制作方法。

技能目标

- ✔ 掌握花世界电子相册的制作方法。
- ✔ 掌握中秋纪念电子相册的制作方法。
- ✔ 掌握可爱猫咪电子相册的制作方法。

素养目标

- ✔ 培养对生活的热爱。
- ✔ 提高艺术审美水平。

任务 9.1 制作花世界电子相册

9.1.1 任务分析

使用"导入"命令导入素材文件，使用"立方体旋转"效果、"圆划像"效果、"带状擦除"效果和"VR 漏光"效果制作素材之间的过渡,使用"效果控件"面板调整过渡。

9.1.2　任务效果

本任务效果如图 9-1 所示。

图 9-1

9.1.3　任务制作

(1)启动 Premiere Pro 2020,选择"文件 >新建 >项目"命令,弹出"新建项目"对话框,如图 9-2 所示,单击"确定"按钮,新建项目。选择"文件 >新建 > 序列"命令,弹出"新建序列"对话框,单击"设置"选项卡,各选项的设置如图 9-3 所示,单击"确定"按钮,新建序列。

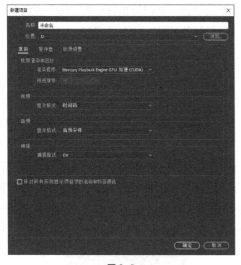

图 9-2

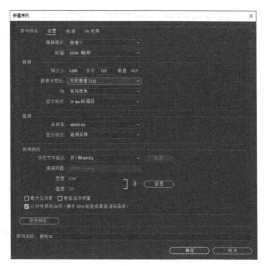

图 9-3

(2)选择"文件 >导入"命令,弹出"导入"对话框,选择本书云盘中的"Ch09/制作花世界电子相册/素材/01 ~ 05"文件,如图 9-4 所示,单击"打开"按钮,将素材文件导入"项目"面板中,如图 9-5 所示。

图 9-4 · 图 9-5

（3）在"项目"面板中，选中"01"文件，将其拖曳到"时间轴"面板中的"视频 1（V1）"轨道中，弹出"剪辑不匹配警告"对话框，单击"保持现有设置"按钮，在保持现有序列设置不变的情况下，将文件放置在"视频 1（V1）"轨道中，效果如图 9-6 所示。

（4）将时间标签放置在 00:00:05:00 的位置。将鼠标指针放在"01"文件的结束位置并单击，显示编辑点。按 E 键，将所选编辑点扩展到时间标签的位置，如图 9-7 所示。

图 9-6 · 图 9-7

（5）在"项目"面板中，选中"02"文件，将其拖曳到"时间轴"面板中的"视频 1（V1）"轨道中，如图 9-8 所示。将时间标签放置在 00:00:10:00 的位置。将鼠标指针放在"02"文件的结束位置并单击，显示编辑点。按 E 键，将所选编辑点扩展到时间标签的位置，如图 9-9 所示。

图 9-8 · 图 9-9

（6）用相同的方法添加"03"和"04"文件，并进行剪辑操作，效果如图 9-10 所示。分别选择文件，选择"效果控件"面板，展开"运动"选项，将"缩放"选项设置为 70.0。将时间标签放置在 0s 的位置。在"效果"面板中，展开"视频过渡"分类选项，单击"3D 运动"子选项前面的▶按钮将其展开，选中"立方体旋转"效果，如图 9-11 所示。

图 9-10 · 图 9-11

（7）将"立方体旋转"效果拖曳到"时间轴"面板中的"02"文件的开始位置，如图 9-12 所示。选中"时间轴"面板中的"立方体旋转"效果，如图 9-13 所示。

图 9-12   图 9-13

（8）选择"效果控件"面板，将"持续时间"选项设置为 00:00:03:00，"对齐"选项设置为"中心切入"，如图 9-14 所示，"时间轴"面板如图 9-15 所示。

图 9-14   图 9-15

（9）在"效果"面板中，单击"划像"子选项前面的▶按钮将其展开，选中"圆划像"效果，如图 9-16 所示。将"圆划像"效果拖曳到"时间轴"面板中的"03"文件的开始位置，"时间轴"面板如图 9-17 所示。

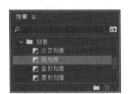 

图 9-16   图 9-17

（10）在"效果"面板中，单击"擦除"子选项前面的▶按钮将其展开，选中"带状擦除"效果，如图 9-18 所示。将"带状擦除"效果拖曳到"时间轴"面板中的"04"文件的开始位置。选中"时间轴"面板中的"带状擦除"效果。选择"效果控件"面板，将"持续时间"选项设置为 00:00:02:00，"对齐"选项设置为"中心切入"，如图 9-19 所示。

图 9-18   图 9-19

（11）在"效果"面板中，单击"沉浸式视频"子选项前面的▶按钮将其展开，选中"VR 漏光"效果，如图 9-20 所示。将"VR 漏光"效果拖曳到"时间轴"面板中的"04"文件的结束位置，"时间轴"面板如图 9-21 所示。

图 9-20

图 9-21

（12）在"项目"面板中，选中"05"文件，将其拖曳到"时间轴"面板中的"视频 2（V2）"轨道中，如图 9-22 所示。选择"时间轴"面板中的"05"文件。选择"效果控件"面板，展开"运动"选项，将"位置"选项设置为 1125.0 和 639.0，如图 9-23 所示。花世界电子相册制作完成。

图 9-22

图 9-23

任务 9.2　制作中秋纪念电子相册

9.2.1　任务分析

使用"导入"命令导入素材文件，使用"速度/持续时间"命令调整素材文件，使用"内滑"效果、"拆分"效果、"翻页"效果和"交叉缩放"效果制作素材之间的过渡。

9.2.2　任务效果

本任务效果如图 9-24 所示。

微课

制作中秋纪念
电子相册

图 9-24

9.2.3　任务制作

（1）启动 Premiere Pro 2020，选择"文件 > 新建 > 项目"命令，弹出"新建项目"对话框，如图 9-25 所示，单击"确定"按钮，新建项目。选择"文件 > 新建 > 序列"命令，弹出"新建序列"对话框，单击"设置"选项卡，各选项的设置如图 9-26 所示，单击"确定"按钮，新建序列。

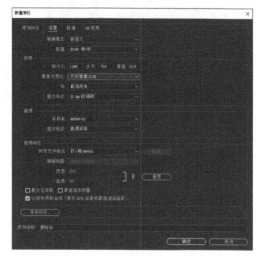

图 9-25　　　　　　　　　　　　　　　　图 9-26

（2）选择"文件 >导入"命令，弹出"导入"对话框，选择本书云盘中的"Ch09/制作中秋纪念电子相册/素材/01 ~ 06"文件，如图 9-27 所示。单击"打开"按钮，将素材文件导入"项目"面板中，如图 9-28 所示。

（3）在"项目"面板中，选中"01"文件，将其拖曳到"时间轴"面板中的"视频 1（V1）"轨道中，弹出"剪辑不匹配警告"对话框，单击"保持现有设置"按钮，在保持现有序列设置不变的情况下，将文件放置在"视频 1（V1）"轨道中，效果如图 9-29 所示。

（4）选择"剪辑 > 速度/持续时间"命令，在弹出的对话框中进行设置，如图 9-30 所示，单击"确定"按钮，调整素材文件。

图 9-27　　　　　　　　　　　　　　　　图 9-28

图 9-29

图 9-30

（5）在"项目"面板中，依次选中"02～05"文件，并拖曳到"时间轴"面板中的"视频1（V1）"轨道中，如图 9-31 所示。在"项目"面板中，选中"06"文件，将其拖曳到"时间轴"面板中的"视频2（V2）"轨道中，如图 9-32 所示。

图 9-31

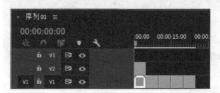

图 9-32

（6）在"效果"面板中，展开"视频过渡"分类选项，单击"内滑"子选项前面的▶按钮将其展开，选中"内滑"效果，如图 9-33 所示。将"内滑"效果拖曳到"时间轴"面板中的"02"文件的结束位置和"03"文件的开始位置，"时间轴"面板如图 9-34 所示。

图 9-33

图 9-34

（7）在"效果"面板中，选中"拆分"效果，如图 9-35 所示。将"拆分"效果拖曳到"时间轴"面板中的"03"文件的结束位置和"04"文件的开始位置，"时间轴"面板如图 9-36 所示。

图 9-35

图 9-36

（8）在"效果"面板中，单击"页面剥落"子选项前面的▶按钮将其展开，选中"翻页"效果，如图 9-37 所示。将"翻页"效果拖曳到"时间轴"面板中的"04"文件的结束位置和"05"文件的开始位置，"时间轴"面板如图 9-38 所示。

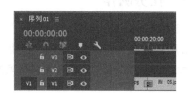

图 9-37   图 9-38

（9）在"效果"面板中，单击"缩放"子选项前面的 ▶ 按钮将其展开，选中"交叉缩放"效果，如图 9-39 所示。将"交叉缩放"效果拖曳到"时间轴"面板中的"06"文件的开始位置，"时间轴"面板如图 9-40 所示。中秋纪念电子相册制作完成。

图 9-39   图 9-40

任务 9.3　制作可爱猫咪电子相册

9.3.1　任务分析

使用"导入"命令导入素材文件，使用"交叉缩放"效果、"叠加溶解"效果、"翻页"效果和"VR 色度泄漏"效果制作图片之间的过渡，使用"效果控件"面板调整过渡。

9.3.2　任务效果

本任务效果如图 9-41 所示。

微课

制作可爱猫咪
电子相册

图 9-41

9.3.3 任务制作

（1）启动 Premiere Pro 2020，选择"文件 > 新建 > 项目"命令，弹出"新建项目"对话框，如图 9-42 所示，单击"确定"按钮，新建项目。选择"文件 > 新建 > 序列"命令，弹出"新建序列"对话框，单击"设置"选项卡，各选项的设置如图 9-43 所示，单击"确定"按钮，新建序列。

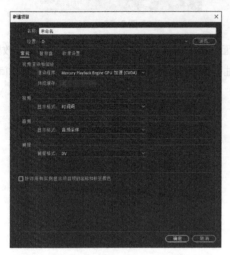

图 9-42   图 9-43

（2）选择"文件 > 导入"命令，弹出"导入"对话框，选择本书云盘中的"Ch09/制作可爱猫咪短视频/素材/01～05"文件，如图 9-44 所示。单击"打开"按钮，将素材文件导入"项目"面板中，如图 9-45 所示。

图 9-44   图 9-45

（3）选择"时间轴"面板，按 M 键，创建标记，如图 9-46 所示。用相同的方法分别在 00:00:05:00、00:00:10:00、00:00:15:00 和 00:00:20:00 处添加标记，效果如图 9-47 所示。

图 9-46   图 9-47

（4）将时间标签放置在 0s 的位置。在"项目"面板中，按顺序选中"01""02""03""04"
文件。选择"剪辑 > 自动匹配序列"命令，在弹出的对话框中进行设置，如图 9-48 所示。单击"确
定"按钮，自动匹配序列，"时间轴"面板如图 9-49 所示。

图 9-48

图 9-49

（5）在"项目"面板中，选中"05"文件，将其拖曳到"时间轴"面板中的"视频 2（V2）"轨
道中，如图 9-50 所示。将鼠标指针放在"05"文件的结束位置并单击，显示编辑点，向右拖曳到"04"
文件的结束位置，如图 9-51 所示。

图 9-50

图 9-51

（6）选择"时间轴"面板中的"05"文件。选择"效果控件"面板，展开"运动"选项，将"位
置"选项设置为 196.0 和 620.0，如图 9-52 所示。在"效果"面板中，展开"视频过渡"分类选项，
单击"缩放"子选项前面的 按钮将其展开，选中"交叉缩放"效果，如图 9-53 所示。

图 9-52

图 9-53

（7）将"交叉缩放"效果拖曳到"时间轴"面板中的"02"文件的开始位置，如图 9-54 所示。
将时间标签放置在 00:00:05:00 的位置。选中"时间轴"面板中的"交叉缩放"效果。选择"效果
控件"面板，将"持续时间"选项设置为 00:00:02:00，"对齐"选项设置为"中心切入"，如
图 9-55 所示。

图 9-54

图 9-55

（8）在"效果"面板中，单击"溶解"子选项前面的 按钮将其展开，选中"叠加溶解"效果，如图 9-56 所示。将"叠加溶解"效果拖曳到"时间轴"面板中的"03"文件的开始位置。将时间标签放置在 00:00:10:00 的位置。选中"时间轴"面板中的"叠加溶解"效果。选择"效果控件"面板，将"持续时间"选项设置为 00:00:03:00，"对齐"选项设置为"中心切入"，如图 9-57 所示。

图 9-56

图 9-57

（9）在"效果"面板中，单击"页面剥落"子选项前面的 按钮将其展开，选中"翻页"效果，如图 9-58 所示。将"翻页"效果拖曳到"时间轴"面板中的"04"文件的开始位置。将时间标签放置在 00:00:15:00 的位置。选中"时间轴"面板中的"翻页"效果。选择"效果控件"面板，将"持续时间"选项设置为 00:00:02:00，"对齐"选项设置为"中心切入"，如图 9-59 所示。

图 9-58

图 9-59

（10）在"效果"面板中，单击"沉浸式视频"子选项前面的 按钮将其展开，选中"VR 色度泄漏"效果，如图 9-60 所示。将"VR 色度泄漏"效果拖曳到"时间轴"面板中的"04"和"05"文件的结束位置，如图 9-61 所示。可爱猫咪电子机册制作完成。

图 9-60

图 9-61

项目实践 制作京城韵味电子相册

【项目知识要点】使用"导入"命令导入素材文件，使用"立方体旋转"效果、"圆划像"效果、"楔形擦除"效果、"百叶窗"效果、"风车"效果和"插入"效果制作素材之间的过渡，使用"效果控件"面板调整视频文件的大小，最终效果如图 9-62 所示。

微课

制作京城韵味
电子相册

图 9-62

【效果所在位置】Ch09/制作京城韵味电子相册/制作京城韵味电子相册. prproj。

课后习题 制作古镇游记电子相册

【习题知识要点】使用"导入"命令导入视频文件，使用入点和出点在"源"监视器窗口中剪辑视频，使用"插入"命令插入素材文件，使用"速度/持续时间"命令调整影片播放速度，最终效果如图 9-63 所示。

微课

制作古镇游记
电子相册

图 9-63

【效果所在位置】Ch09/制作古镇游记电子相册/制作古镇游记电子相册.prproj。

项目 10
制作节目片头

项目引入

节目片头用于引导观众对故事内容产生兴趣。本项目以多类主题的节目片头为例，讲解节目片头的构思方法和制作技巧。通过本项目的学习，读者可以设计制作出更具特色的节目片头。

项目目标

✔ 了解节目片头的构成元素。
✔ 熟悉节目片头的表现手段。
✔ 掌握节目片头的制作技巧。

技能目标

✔ 掌握助农节目片头的制作方法。
✔ 掌握旅行节目片头的制作方法。

素养目标

✔ 培养高度的责任感。
✔ 培养良好的团队协作能力。

任务 10.1　制作助农节目片头

10.1.1　任务分析

使用"导入"命令导入素材文件，使用"ProcAmp"和"光照效果"效果调整素材，使用"旧版标题"命令创建字幕，使用"字幕"面板添加文字并制作滚动字幕，使用"旧版标题属性"面板编辑字幕。

10.1.2 任务效果

本任务效果如图 10-1 所示。

图 10-1

微课

制作助农节目
片头

10.1.3 任务制作

（1）启动 Premiere Pro 2020，选择"文件 > 新建 > 项目"命令，弹出"新建项目"对话框，如图 10-2 所示，单击"确定"按钮，新建项目。选择"文件 > 新建 > 序列"命令，弹出"新建序列"对话框，单击"设置"选项卡，各选项的设置如图 10-3 所示，单击"确定"按钮，新建序列。

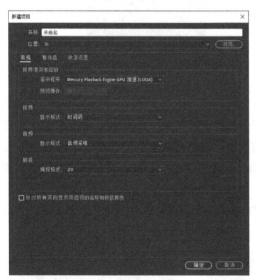

图 10-2   图 10-3

（2）选择"文件 >导入"命令，弹出"导入"对话框，选择本书云盘中的"Ch10/制作助农节目片头/素材/01"文件，如图 10-4 所示，单击"打开"按钮，将素材文件导入"项目"面板中，如图 10-5 所示。

图 10-4

图 10-5

（3）在"项目"面板中，选中"01"文件，将其拖曳到"时间轴"面板中的"视频 1（V1）"轨道中，如图 10-6 所示。

（4）选择"效果"面板，展开"视频效果"分类选项，单击"调整"子选项前面的▶按钮将其展开，选中"ProcAmp"效果，如图 10-7 所示。将"ProcAmp"效果拖曳到"时间轴"面板"视频 1

图 10-6

（V1）"轨道中的"01"文件上。选中"时间轴"面板中的"01"文件。选择"效果控件"面板，展开"ProcAmp"选项，将"饱和度"选项设置为 135.0，如图 10-8 所示。

图 10-7

图 10-8

（5）选择"效果"面板，选中"光照效果"效果，如图 10-9 所示。将"光照效果"效果拖曳到"时间轴"面板"视频 1（V1）"轨道中的"01"文件上。选中"时间轴"面板中的"01"文件。选择"效果控件"面板，展开"光照效果"选项，将"光照类型"选项设置为"全光源"，"中央"选项设置为 79.0 和 360.0，"主要半径"选项设置为 20.0，"强度"选项设置为 38.0，单击"中央"选项左侧的"切换动画"按钮，如图 10-10 所示，记录第 1 个动画关键帧。

（6）将时间标签放置在 00:00:05:19 的位置。将"中央"选项设置为 919.0 和 360.0，如图 10-11 所示，记录第 2 个动画关键帧。

图 10-9

图 10-10

图 10-11

（7）选择"文件 > 新建 > 旧版标题"命令，弹出"新建字幕"对话框，如图 10-12 所示，单击"确定"按钮。"项目"面板中将生成"字幕 01"文件，同时会弹出"字幕"面板。选择"旧版标题工具"面板中的"文字"工具 **T**，在"字幕"面板中单击并输入需要的文字，如图 10-13 所示。

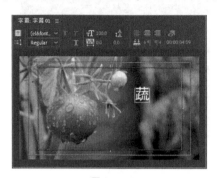

图 10-12　　　　　　　　　　　　　　　　　　　　图 10-13

（8）选择文字。在"旧版标题属性"面板中，展开"变换"和"属性"栏，各选项的设置如图 10-14 所示。展开"填充"栏，将"颜色"选项设置为白色，"字幕"面板中的效果如图 10-15 所示。

图 10-14　　　　　　　　　　　　　　　　　　　　图 10-15

（9）用相同的方法输入其他文字，并填充为白色和红色（227、61、23），效果如图 10-16 所示。选择"旧版标题工具"面板中的"椭圆"工具 ，按住 Shift 键的同时，在"字幕"面板中绘制圆形。在"旧版标题属性"面板中，展开"填充"栏，将"颜色"选项设置为白色，"字幕"面板中的效果如图 10-17 所示。

图 10-16　　　　　　　　　　　　　　　　　　　　图 10-17

（10）使用"选择"工具 选取圆形，按住 Alt 键的同时，将其拖曳到适当的位置，复制圆形，效果如图 10-18 所示。在"旧版标题属性"面板中，展开"填充"栏，将"颜色"选项设置为红色（227、61、23），"字幕"面板中的效果如图 10-19 所示。

图 10-18

图 10-19

（11）使用"选择"工具 ▶ 选取圆形，按住 Alt 键的同时，将其拖曳到适当的位置，复制圆形，效果如图 10-20 所示。选择"钢笔"工具 ✐，按住 Shift 键的同时，在"字幕"面板中绘制直线段。在"旧版标题属性"面板中，展开"属性"栏，将"线宽"选项设置为3.0，"字幕"面板中的效果如图 10-21 所示。

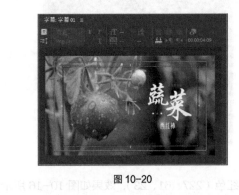
图 10-20

图 10-21

（12）使用"选择"工具 ▶ 选取直线段，按住 Alt 键的同时，将其拖曳到适当的位置，复制直线段，效果如图 10-22 所示。在"字幕"面板中单击"滚动/游动选项"按钮 ▦，在弹出的对话框中选中"滚动"单选项，在"定时（帧）"栏中勾选"开始于屏幕外"复选框，如图 10-23 所示，单击"确定"按钮。

图 10-22

图 10-23

（13）将时间标签放置在 00:00:01:10 的位置。在"项目"面板中选中"字幕 01"文件，将其拖曳到"时间轴"面板中的"视频 2（V2）"轨道中，如图 10-24 所示。将鼠标指针放在"字幕 01"文件的结束位置，当鼠标指针呈◀形状时，向右拖曳到"01"文件的结束位置上，如图 10-25 所示。助农节目片头制作完成。

图 10-24

图 10-25

任务 10.2 制作旅行节目片头

10.2.1 任务分析

使用"导入"命令导入素材文件，使用"旧版标题"命令创建字幕，通过"字幕"面板添加并编辑文字，通过"旧版标题属性"面板编辑字幕，使用"自动色阶"效果调整素材颜色，通过"快速模糊入点"效果、"快速模糊出点"效果和"效果控件"面板制作模糊文字。

10.2.2 任务效果

本任务效果如图 10-26 所示。

微课

制作旅行节目
片头

图 10-26

10.2.3 任务制作

（1）启动 Premiere Pro 2020，选择"文件 > 新建 > 项目"命令，弹出"新建项目"对话框，如图 10-27 所示，单击"确定"按钮，新建项目。

（2）选择"文件 > 导入"命令，弹出"导入"对话框，选择本书云盘中的"Ch10/制作旅行节目片头/素材/01"文件，如图 10-28 所示，单击"打开"按钮，将素材文件导入"项目"面板中，如图 10-29 所示。将"项目"面板中的"01"文件拖曳到"时间轴"面板中，生成"01"序列，且将"01"文件放置到"视频 1（V1）"轨道中，如图 10-30 所示。

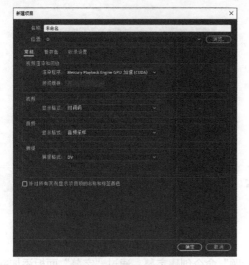

图 10-27

图 10-28

图 10-29

图 10-30

（3）将时间标签放置在 00:00:10:00 的位置。将鼠标指针放在"01"文件的结束位置并单击，显示编辑点，如图 10-31 所示。当鼠标指针呈 ◀ 形状时，向左拖曳到 00:00:10:00 的位置，如图 10-32 所示。

图 10-31

图 10-32

（4）选择"文件 > 新建 > 旧版标题"命令，弹出"新建字幕"对话框，如图 10-33 所示，单击"确定"按钮，弹出"字幕"面板。选择"旧版标题工具"面板中的"矩形"工具 ▢，在"字幕"面板中绘制矩形，如图 10-34 所示。在"旧版标题属性"面板中，展开"填充"栏，将"颜色"选项设置为红色（225、0、0），如图 10-35 所示，"字幕"面板中的效果如图 10-36 所示。

图 10-33

图 10-34

图 10-35

图 10-36

（5）选择"旧版标题工具"面板中的"文字"工具 **T**，在"字幕"面板中分别单击并输入需要的文字，如图 10-37 所示。分别选择文字，在"字幕"面板上方设置适当的字体、字号和位置。在"旧版标题属性"面板中，展开"填充"栏，将"颜色"选项设置为白色，"字幕"面板中的效果如图 10-38 所示。"项目"面板中将生成"字幕 01"文件。

图 10-37

图 10-38

（6）将时间标签放置在 00:00:01:00 的位置。将"项目"面板中的"字幕 01"文件拖曳到"时间轴"面板中的"视频 2（V2）"轨道中，如图 10-39 所示。将时间标签放置在 00:00:08:00 的位置。将鼠标指针放在"01"文件的结束位置并单击，显示编辑点。当鼠标指针呈 ◀ 形状时，向右拖曳到 00:00:08:00 的位置，如图 10-40 所示。

图 10-39

图 10-40

（7）选择"效果"面板，展开"视频效果"分类选项，单击"过时"子选项前面的▶按钮将其展开，选中"自动色阶"效果，如图 10-41 所示。将"自动色阶"效果拖曳到"时间轴"面板中的"01"文件上，如图 10-42 所示。

图 10-41

图 10-42

（8）选择"效果"面板，展开"预设"分类选项，单击"模糊"子选项前面的▶按钮将其展开，选中"快速模糊入点"效果，如图 10-43 所示。将"快速模糊入点"效果拖曳到"时间轴"面板中的"字幕01"文件上。

（9）将时间标签放置在 00:00:03:00 的位置。在"效果控件"面板中，展开"快速模糊（快速模糊入点）"选项，选择第 2 个关键帧，将其拖曳到时间标签的位置，如图 10-44 所示。

图 10-43

图 10-44

（10）选择"效果"面板，选中"快速模糊出点"效果，如图 10-45 所示。将"快速模糊出点"效果拖曳到"时间轴"面板中的"字幕 01"文件上。

（11）将时间标签放置在 00:00:06:00 的位置。在"效果控件"面板中，展开"快速模糊（快速模糊出点）"选项，选择第 1 个关键帧，将其拖曳到时间标签的位置，如图 10-46 所示。旅行节目片头制作完成。

图 10-45

图 10-46

项目实践 制作壮丽黄河节目片头

【项目知识要点】使用"导入"命令导入素材文件，使用"自动颜色"效果调整素材颜色，使用"投影"效果和"快速模糊出点"预设效果制作文字效果，使用"立体声扩展器"效果和"高音"效果为音频添加特效。最终效果如图 10-47 所示。

微课

制作壮丽黄河
节目片头

图 10-47

【效果所在位置】Ch10/制作壮丽黄河节目片头/制作壮丽黄河节目片头. prproj。

课后习题 制作都市生活节目片头

【习题知识要点】使用"导入"命令导入素材文件，使用"投影"效果和"预设"分类选项中的效果制作文字效果，通过"效果控件"面板调整视/音频的淡出效果，使用"低通"效果为音频添加特效。最终效果如图 10-48 所示。

微课

制作都市生活
节目片头

图 10-48

【效果所在位置】Ch10/制作都市生活节目片头/制作都市生活节目片头.prproj。

项目 11
制作节目包装

项目引入

节目包装旨在确立节目的品牌地位，在突出节目特征和特点的同时，增强观众对节目的识别能力，使包装形式与节目有机地融为一体。本项目以多类主题的节目包装为例，讲解节目包装的构思方法和制作技巧。通过本项目的学习，读者可以设计制作出赏心悦目、精美独特的节目包装。

项目目标

- ✔ 了解节目包装的构成元素。
- ✔ 熟悉节目包装的设计思路。
- ✔ 掌握节目包装的制作技巧。

技能目标

- ✔ 掌握美食节目包装的制作方法。
- ✔ 掌握京城故事节目包装的制作方法。
- ✔ 掌握博物天下节目包装的制作方法。

素养目标

- ✔ 培养提炼重点的能力。
- ✔ 培养良好的协调能力和组织能力。

任务 11.1　制作美食节目包装

11.1.1　任务分析

使用"导入"命令导入素材文件，使用剪辑点调整素材文件，使用"速度/持续时间"命令调整视频播放速度，通过"效果"面板添加过渡和效果，通过"文字"工具 T 和"基本图形"面板添加介绍文字和图形。

11.1.2 任务效果

本任务效果如图 11-1 所示。

图 11-1

11.1.3 任务制作

1. 新建项目并导入素材

（1）启动 Premiere Pro 2020，选择"文件 > 新建 > 项目"命令，弹出"新建项目"对话框，如图 11-2 所示，单击"确定"按钮，新建项目。

（2）选择"文件 > 导入"命令，弹出"导入"对话框，选择本书云盘中的"Ch11/制作美食节目包装/素材/01～13"文件，如图 11-3 所示，单击"打开"按钮，将素材文件导入"项目"面板中，如图 11-4 所示。将"项目"面板中的"02"文件拖曳到"时间轴"面板中，生成"02"序列，且将"02"文件放置到"视频 1（V1）"轨道中，如图 11-5 所示。

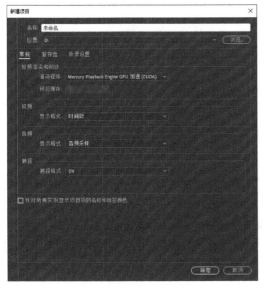

图 11-2

图 11-3

图 11-4

图 11-5

（3）在"项目"面板中的"02"序列上单击鼠标右键，在弹出的快捷菜单中选择"序列设置"命令，在弹出的对话框中进行设置，如图 11-6 所示。单击"确定"按钮，效果如图 11-7 所示。

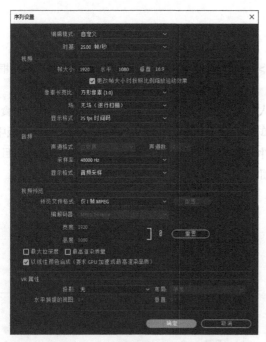

图 11-6

图 11-7

（4）将"项目"面板中的"01"文件拖曳到"时间轴"面板的"视频 1（V1）"轨道中，如图 11-8 所示。选中"01"文件。选择"剪辑 > 速度/持续时间"命令，在弹出的对话框中进行设置，如图 11-9 所示，单击"确定"按钮，调整素材文件。

（5）将时间标签放置在 00:00:03:11 的位置。将鼠标指针放在"01"文件的开始位置，当鼠标指针呈▶形状时，向右拖曳到 00:00:03:11 的位置，如图 11-10 所示。向左拖曳"01"文件到"02"文件的结束位置，如图 11-11 所示。

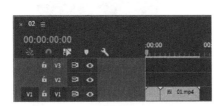

图 11-8

图 11-9

图 11-10

图 11-11

（6）将"项目"面板中的"03"文件拖曳到"时间轴"面板中的"视频 1（V1）"轨道中，如图 11-12 所示。将时间标签放置在 00：00：07：14 的位置上。将鼠标指针放在"03"文件开始位置，当鼠标指针呈◀状时，向左拖曳鼠标到 00：00：07：14 位置上，如图 11-13 所示。

图 11-12

图 11-13

（7）将"项目"面板中的"04"文件拖曳到"时间轴"面板中的"视频 1（V1）"轨道中，如图 11-14 所示。选中"04"文件。选择"剪辑 > 速度/持续时间"命令，在弹出的对话框中进行设置，如图 11-15 所示。单击"确定"按钮，调整素材文件。

图 11-14

图 11-15

（8）将"项目"面板中的"05"文件拖曳到"时间轴"面板中的"视频 1（V1）"轨道中，如图 11-16 所示。选中"05"文件，选择"剪辑 > 速度/持续时间"命令，在弹出的对话框中进行设置，如图 11-17 所示。单击"确定"按钮，调整素材文件。

图 11-16

图 11-17

（9）将"项目"面板中的"06"文件拖曳到"时间轴"面板中的"视频1（V1）"轨道中，如图 11-18 所示。将时间标签放置在 00:00:21:06 的位置上。将鼠标指针放在"06"文件开始位置，当鼠标指针呈◀状时，向左拖曳鼠标到 00:00:21:06 位置上，如图 11-19 所示。

图 11-18

图 11-19

（10）将"项目"面板中的"07"文件拖曳到"时间轴"面板中的"视频1（V1）"轨道中，如图 11-20 所示。将时间标签放置在 00:00:25:08 的位置上。将鼠标指针放在"07"文件开始位置，当鼠标指针呈◀状时，向左拖曳鼠标到 00:00:25:08 位置上，如图 11-21 所示。

图 11-20

图 11-21

（11）将"项目"面板中的"08"文件拖曳到"时间轴"面板中的"视频1（V1）"轨道中，如图 11-22 所示。选中"08"文件，选择"剪辑 > 速度/持续时间"命令，在弹出的对话框中进行设置，如图 11-23 所示。单击"确定"按钮，调整素材文件。

图 11-22

图 11-23

（12）将"项目"面板中的"09"文件拖曳到"时间轴"面板中的"视频1（V1）"轨道中，如图 11-24 所示。选中"09"文件，选择"剪辑 > 速度/持续时间"命令，在弹出的对话框中进行设置，如图 11-25 所示。单击"确定"按钮，调整素材文件。

（13）将时间标签放置在 00:00:39:17 的位置上。将鼠标指针放在"09"文件开始位置，当鼠标指针呈◄状时，向左拖曳鼠标到 00:00:39:17 位置上，如图 11-26 所示。

图 11-24　　　　　　　　　　　　　图 11-25　　　　　　　　　　　　　图 11-26

（14）双击"项目"面板中的"10"文件，在"源"窗口中打开"10"文件。将时间标签放置在 00:00:04:06 的位置，按 I 键，创建标记入点，如图 11-27 所示。选中"源"窗口中的"10"文件并将其拖曳到"时间轴"面板中的"视频1（V1）"轨道中，如图 11-28 所示。

图 11-27　　　　　　　　　　　　　　　　　　　　　　图 11-28

（15）将"项目"面板中的"11"文件拖曳到"时间轴"面板中的"视频1（V1）"轨道中，如图 11-29 所示。将时间标签放置在 00:00:47:19 的位置上。将鼠标指针放在"07"文件开始位置，当鼠标指针呈◄状时，向左拖曳鼠标到 00:00:47:19 位置上，如图 11-30 所示。

图 11-29　　　　　　　　　　　　　　　　　　　　　　图 11-30

（16）双击"项目"面板中的"12"文件，在"源"窗口中打开"12"文件。将时间标签放置在 00:00:01:17 的位置，按 I 键，创建标记入点。将时间标签放置在 00:00:04:29 的位置。按 O 键，创建标记出点，如图 11-31 所示。选中"源"窗口中的"12"文件并将其拖曳到"时间轴"面板中的"视频1（V1）"轨道中，如图 11-32 所示。

图 11-31

图 11-32

2. 添加过渡和效果

（1）将时间标签放置在 0s 的位置。选择"效果"面板，展开"视频效果"分类选项，单击"调整"子选项前面的▶按钮将其展开，选中"色阶"效果，如图 11-33 所示。将"色阶"效果拖曳到"时间轴"面板"视频 1（V1）"轨道的"02"文件上。选择"效果控件"面板，展开"色阶"选项，设置如图 11-34 所示。

图 11-33

图 11-34

（2）将时间标签放置在 00:00:13:17 的位置。选择"效果"面板，展开"视频过渡"分类选项，单击"溶解"子选项前面的▶按钮将其展开，选中"交叉溶解"效果，如图 11-35 所示。将"交叉溶解"效果拖曳到"时间轴"面板中"04"文件的结束位置和"05"文件的开始位置，如图 11-36 所示。

图 11-35

图 11-36

（3）用相同的方法将"带状擦除"效果拖曳到"时间轴"面板中的"05"文件的结束位置和"06"文件的开始位置，将"交叉溶解"效果拖曳到"时间轴"面板中的"07"文件的结束位置和"08"文件的开始位置，如图 11-37 所示。

图 11-37

3. 添加介绍文字

（1）将时间标签放置在 00:00:00:13 的位置。选择"基本图形"面板，单击"编辑"选项卡，单击"新建图层"按钮■，在弹出的菜单中选择"文本"命令。"时间轴"面板的"视频 2（V2）"轨道中生成"新建文本图层"文件，如图 11-38 所示。将时间标签放置在 00:00:02:17 的位置。将鼠标指针放在文字文件的结束位置，当鼠标指针呈■形状时，向左拖曳到 00:00:02:17 的位置，如图 11-39 所示。

图 11-38

图 11-39

（2）在"节目"监视器窗口中修改文字，效果如图 11-40 所示。将时间标签放置在 00:00:00:13 的位置。选取"节目"监视器窗口中的文字。在"效果控件"面板中展开"文本（辣）"选项，设置如图 11-41 和图 11-42 所示。"节目"监视器窗口中的效果如图 11-43 所示。

图 11-40

图 11-41

图 11-42

图 11-43

（3）用相同的方法制作其他文字，"效果控件"面板如图 11-44 所示。"节目"监视器窗口中的效果如图 11-45 所示。

图 11-44

（4）在文字图层被选取的状态下，选择"基本图形"面板，单击"编辑"选项卡，单击"新建图层"按钮■，在弹出的菜单中选择"椭圆"命令，"节目"监视器窗口中的效果如图 11-46 所示。在"效果控件"面板中选择"形状 01"图层。在"外观"栏中将"填充"颜色设置为橘黄色（226、88、40）。使用"选择"工具▶在"节目"监视器窗口中调整图形的大小和位置，效果如图 11-47 所示。

图 11-46　　　　　　　　　　图 11-47

（5）在"效果控件"面板中选择"形状（形状 01）"选项并调整其位置，如图 11-48 所示。"节目"监视器窗口中的效果如图 11-49 所示。取消文字图层的选取状态。用相同的方法制作文字效果，"节目"监视器窗口中的效果如图 11-50 所示。

图 11-48　　　　　图 11-49　　　　　图 11-50

（6）将时间标签放置在 00:00:05:16 的位置。选择"基本图形"面板，单击"编辑"选项卡，单击"新建图层"按钮■，在弹出的菜单中选择"文本"命令。"时间轴"面板的"视频 2（V2）"轨道中生成"新建文本图层"文件，如图 11-51 所示。将时间标签放置在 00:00:06:20 的位置。将鼠标指针放在文字文件的结束位置，当鼠标指针呈◀形状时，向左拖曳到 00:00:06:20 的位置，如图 11-52 所示。

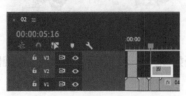 

图 11-51　　　　　　　　　　图 11-52

（7）在"节目"监视器窗口中修改文字。将时间标签放置在 00:00:05:16 的位置。选取"节目"监视器窗口中的文字。在"效果控件"面板中展开"文本（准备几只螃蟹）"选项，设置如图 11-53 和图 11-54 所示，"节目"监视器窗口中的效果如图 11-55 所示。

图 11-53   图 11-54   图 11-55

（8）用相同的方法制作其他文字，"时间轴"面板如图 11-56 所示。

图 11-56

（9）在"项目"面板中，选中"13"文件，将其拖曳到"时间轴"面板的"音频1（A1）"轨道中，如图 11-57 所示。将鼠标指针放在"13"文件的结束位置，当鼠标指针呈◄形状时，向右拖曳到"12"文件的结束位置，如图 11-58 所示。美食节目包装制作完成。

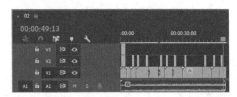

图 11-57   图 11-58

任务 11.2　制作京城故事节目包装

11.2.1　任务分析

使用"导入"命令导入素材文件，使用入点和出点调整素材文件，使用"速度/持续时间"命令调整影片播放速度，通过"效果"面板添加效果，通过"效果控件"面板调整效果，并制作素材位置和缩放的动画效果，通过"基本图形"面板添加介绍文字和图形。

11.2.2　任务效果

本任务效果如图 11-59 所示。

微课

制作京城故事
节目包装

图 11-59

11.2.3　任务制作

1. 添加并调整素材

（1）启动 Premiere Pro 2020，选择"文件 > 新建 > 项目"命令，弹出"新建项目"对话框，如图 11-60 所示，单击"确定"按钮，新建项目。选择"文件 > 新建 > 序列"命令，弹出"新建序列"对话框，单击"设置"选项卡，设置如图 11-61 所示，单击"确定"按钮，新建序列。

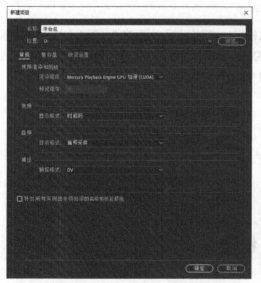

图 11-60

图 11-61

（2）选择"文件 > 导入"命令，弹出"导入"对话框，选择本书云盘中的"Ch11/制作京城故事节目包装/素材/01 ~ 10"文件，如图 11-62 所示，单击"打开"按钮，将素材文件导入"项目"面板中，如图 11-63 所示。

（3）双击"项目"面板中的"01"文件，在"源"监视器窗口中打开"01"文件。将时间标签放置在 00:00:02:15 的位置，按 I 键，创建标记入点。将时间标签放置在 00:00:04:18 的位置，按 O 键，创建标记出点，如图 11-64 所示。

图 11-62

图 11-63

（4）选中"源"监视器窗口中的"01"文件，将其拖曳到"时间轴"面板中的"视频1（V1）"轨道中，弹出"剪辑不匹配警告"对话框，单击"保持现有设置"按钮，在保持现有序列设置不变的情况下，将"01"文件放置在"视频1（V1）"轨道中，如图 11-65 所示。

图 11-64

图 11-65

（5）选择"时间轴"面板中的"01"文件。在"01"文件上单击鼠标右键，在弹出的快捷菜单中选择"速度/持续时间"命令，在弹出的对话框中进行设置，如图 11-66 所示，单击"确定"按钮，效果如图 11-67 所示。

图 11-66

图 11-67

（6）双击"项目"面板中的"02"文件，在"源"监视器窗口中打开"02"文件。将时间标签放置在 00:00:07:00 的位置，按 I 键，创建标记入点。将时间标签放置在 00:00:08:02 的位置，按 O 键，创建标记出点，如图 11-68 所示。选中"源"监视器窗口中的"02"文件，将其拖曳到"时间轴"面板中的"视频1（V1）"轨道中，如图 11-69 所示。

图 11-68

图 11-69

（7）双击"项目"面板中的"03"文件，在"源"监视器窗口中打开"03"文件。将时间标签放置在 00:00:01:12 的位置，按 O 键，创建标记出点，如图 11-70 所示。选中"源"监视器窗口中的"03"文件，将其拖曳到"时间轴"面板中的"视频 1（V1）"轨道中，如图 11-71 所示。

图 11-70

图 11-71

（8）双击"项目"面板中的"04"文件，在"源"监视器窗口中打开"04"文件。将时间标签放置在 00:00:02:19 的位置，按 O 键，创建标记出点，如图 11-72 所示。选中"源"监视器窗口中的"04"文件，将其拖曳到"时间轴"面板中的"视频 1（V1）"轨道中，如图 11-73 所示。

图 11-72

图 11-73

（9）选择"时间轴"面板中的"04"文件。在"04"文件上单击鼠标右键，在弹出的快捷菜单中选择"速度/持续时间"命令，在弹出的对话框中进行设置，如图 11-74 所示，单击"确定"按钮，效果如图 11-75 所示。

图 11-74

图 11-75

（10）双击"项目"面板中的"05"文件，在"源"监视器窗口中打开"05"文件。将时间标签放置在 00:00:03:02 的位置，按 I 键，创建标记入点。将时间标签放置在 00:00:04:05 的位置，按 O 键，创建标记出点，如图 11-76 所示。选中"源"监视器窗口中的"05"文件，将其拖曳到"时间轴"面板中的"视频 1（V1）"轨道中，如图 11-77 所示。

图 11-76

图 11-77

（11）双击"项目"面板中的"06"文件，在"源"监视器窗口中打开"06"文件。将时间标签放置在 00:00:01:18 的位置，按 O 键，创建标记出点，如图 11-78 所示。选中"源"监视器窗口中的"06"文件，将其拖曳到"时间轴"面板中的"视频 1（V1）"轨道中，如图 11-79 所示。

图 11-78

图 11-79

（12）双击"项目"面板中的"07"文件，在"源"监视器窗口中打开"07"文件。将时间标签放置在 00:00:02:14 的位置，按 O 键，创建标记出点，如图 11-80 所示。选中"源"监视器窗口中的"07"文件，将其拖曳到"时间轴"面板中的"视频 1（V1）"轨道中，如图 11-81 所示。

图 11-80

图 11-81

（13）选择"时间轴"面板中的"07"文件。在"07"文件上单击鼠标右键，在弹出的快捷菜单中选择"速度/持续时间"命令，在弹出的对话框中进行设置，如图 11-82 所示。单击"确定"按钮，效果如图 11-83 所示。

图 11-82

图 11-83

（14）双击"项目"面板中的"08"文件，在"源"监视器窗口中打开"08"文件。将时间标签放置在 00:00:00:22 的位置，按 O 键，创建标记出点，如图 11-84 所示。选中"源"监视器窗口中的"08"文件，将其拖曳到"时间轴"面板中的"视频 1（V1）"轨道中，如图 11-85 所示。

图 11-84

图 11-85

2. 添加并调整效果

（1）选择"效果"面板，展开"视频效果"分类选项，单击"调整"子选项前面的 按钮将其展开，选中"色阶"效果，如图 11-86 所示。将"色阶"效果拖曳到"时间轴"面板中的"01"文件上。选择"效果控件"面板，展开"色阶"选项，设置如图 11-87 所示。

图 11-86

图 11-87

（2）选择"效果"面板，选中"色阶"效果，将"色阶"效果拖曳到"时间轴"面板中的"02"文件上。选择"效果控件"面板，展开"色阶"选项，设置如图 11-88 所示。选择"效果"面板，单击"过时"子选项前面的▶按钮将其展开，选中"自动色阶"效果，如图 11-89 所示。将"自动色阶"效果拖曳到"时间轴"面板中的"08"文件上。

图 11-88

图 11-89

（3）选择"项目"面板。选择"文件 > 新建 > 调整图层"命令，弹出"调整图层"对话框，如图 11-90 所示，单击"确定"按钮，将"调整图层"添加到"项目"面板，如图 11-91 所示。

图 11-90

图 11-91

（4）将"项目"面板中的"调整图层"文件拖曳到"时间轴"面板中的"视频 2（V2）"轨道中，如图 11-92 所示。将鼠标指针放在"调整图层"文件的结束位置，当鼠标指针呈◀形状时，向右拖曳到"08"文件的结束位置上，如图 11-93 所示。

图 11-92

图 11-93

（5）选择"效果"面板，单击"颜色校正"子选项前面的▶按钮将其展开，选中"Lumetri 颜色"效果，如图 11-94 所示。将"Lumetri 颜色"效果拖曳到"时间轴"面板的"视频 2（V2）"轨道中的"调整图层"文件上。选择"效果控件"面板，展开"Lumetri 颜色"选项，设置如图 11-95 所示。

图 11-94

图 11-95

（6）选择"剃刀"工具，在"01""02""07"文件的结束位置处单击以切割素材，效果如图 11-96 所示。

图 11-96

（7）使用"选择"工具选择切割后的第 2 个"调整图层"文件。选择"效果控件"面板，展开"Lumetri 颜色"选项，设置如图 11-97 所示。使用"选择"工具选择切割后的第 4 个"调整图层"文件。选择"效果控件"面板，展开"Lumetri 颜色"选项，设置如图 11-98 所示。

图 11-97

图 11-98

3. 添加并调整宣传文字

（1）将"项目"面板中的"10"文件拖曳到"时间轴"面板中的"视频 3（V3）"轨道中，如图 11-99 所示。将鼠标指针放在"10"文件的结束位置，当鼠标指针呈 ◄ 形状时，向右拖曳到"08"文件的结束位置上，如图 11-100 所示。

图 11-99

图 11-100

（2）选择"时间轴"面板中的"10"文件。选择"效果控件"面板，展开"运动"选项，将"缩放"选项设置为 0.0，单击"缩放"选项左侧的"切换动画"按钮 🖰，如图 11-101 所示，记录第 1 个动画关键帧。将时间标签放置在 00:00:00:10 的位置。将"缩放"选项设置为 120.0，如图 11-102 所示，记录第 2 个动画关键帧。

图 11-101

图 11-102

（3）将时间标签放置在 00:00:01:09 的位置。单击"缩放"选项右侧的"添加/移除关键帧"按钮 🖰，记录第 3 个动画关键帧。单击"位置"选项左侧的"切换动画"按钮 🖰，如图 11-103 所示，记录第 1 个动画关键帧。将时间标签放置在 00:00:01:17 的位置。将"缩放"选项设置为 49.0，记录第 4 个动画关键帧。将"位置"选项设置为 1735.0 和 896.0，如图 11-104 所示，记录第 2 个动画关键帧。

图 11-103

图 11-104

4. 添加其他信息文字

（1）将时间标签放置在 00:00:01:10 的位置。选择"基本图形"面板，单击"编辑"选项卡，单击"新建图层"按钮 🖰，在弹出的菜单中选择"矩形"命令。"时间轴"面板中将生成"视频 4

（V4）"轨道，并生成"图形"文件，如图 11-105 所示。在"节目"监视器窗口中调整矩形，如图 11-106 所示。

图 11-105

图 11-106

（2）在"外观"栏中单击"填充"选项左侧的颜色块，弹出"拾色器"对话框，将"填充选项"设置为"线性渐变"，将下方的两个色标颜色均设置为蓝色（0、74、217），将上方的左侧色标的"不透明度"选项设置为 60%，右侧色标的"不透明度"选项设置为 0，如图 11-107 所示，单击"确定"按钮，"节目"监视器窗口中的效果如图 11-108 所示。

图 11-107

图 11-108

（3）在"节目"监视器窗口中调整渐变填充，如图 11-109 所示。选择"基本图形"面板，单击"新建图层"按钮![icon]，在弹出的菜单中选择"文本"命令。在"节目"监视器窗口中修改文字，效果如图 11-110 所示。

图 11-109

图 11-110

（4）选中"节目"监视器窗口中的文字。在"基本图形"面板中，"文本"栏中的设置如图 11-111

所示，"外观"栏中的设置如图 11-112 所示，"节目"监视器窗口中的效果如图 11-113 所示。

图 11-111   图 11-112   图 11-113

（5）按住 Alt 键的同时，圈选下方的音频文件，如图 11-114 所示。按 Delete 键，删除文件，效果如图 11-115 所示。

图 11-114   图 11-115

（6）双击"项目"面板中的"09"文件，在"源"监视器窗口中打开"09"文件。将时间标签放置在 00:00:11:02 的位置，按 I 键，创建标记入点。将时间标签放置在 00:00:20:00 的位置，按 O 键，创建标记出点，如图 11-116 所示。选中"源"监视器窗口中的"09"文件，将其拖曳到"时间轴"面板中的"音频 1（A1）"轨道中，如图 11-117 所示。京城故事节目包装制作完成。

图 11-116   图 11-117

任务 11.3 制作博物天下节目包装

11.3.1 任务分析

使用"导入"命令导入素材文件，使用入点和出点调整素材文件，使用"速度/持续时间"命令调整影片速度，使用"Lumetri 颜色"效果调整影片颜色，通过"效果控件"面板调整效果，并制作素材位置的动画效果，通过"基本图形"面板添加字幕。

11.3.2　任务效果

本任务效果如图 11-118 所示。

图 11-118

微课

制作博物天下
节目包装 1

微课

制作博物天下
节目包装 2

11.3.3　任务制作

1. 添加并调整素材

（1）启动 Premiere Pro 2020，选择"文件 > 新建 > 项目"命令，弹出"新建项目"对话框，如图 11-119 所示，单击"确定"按钮，新建项目。选择"文件 > 新建 > 序列"命令，弹出"新建序列"对话框，单击"设置"选项卡，设置如图 11-120 所示，单击"确定"按钮，新建序列。

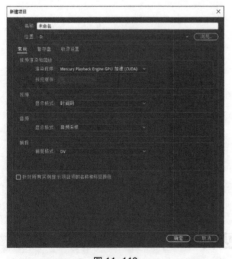

图 11-119

图 11-120

（2）选择"文件 > 导入"命令，弹出"导入"对话框，选择本书云盘中的"Ch11/制作博物天下节目包装/素材/01 ~ 14"文件，如图 11-121 所示。单击"打开"按钮，将素材文件导入"项目"面板中，如图 11-122 所示。

图 11-121

图 11-122

（3）双击"项目"面板中的"01"文件，在"源"监视器窗口中打开"01"文件。将时间标签放置在00:00:04:06的位置，按I键，创建标记入点。将时间标签放置在00:00:05:04的位置，按O键，创建标记出点，如图11-123所示。

（4）选中"源"监视器窗口中的"01"文件，将其拖曳到"时间轴"面板中的"视频1（V1）"轨道中，弹出"剪辑不匹配警告"对话框，单击"保持现有设置"按钮，在保持现有序列设置不变的情况下，将"01"文件放置在"视频1（V1）"轨道中，效果如图11-124所示。

图 11-123

图 11-124

（5）选择"时间轴"面板中的"01"文件。在"01"文件上单击鼠标右键，在弹出的快捷菜单中选择"速度/持续时间"命令，在弹出的对话框中进行设置，如图11-125所示。单击"确定"按钮，效果如图11-126所示。

图 11-125

图 11-126

（6）双击"项目"面板中的"02"文件，在"源"监视器窗口中打开"02"文件。将时间标签放置在 00:00:01:06 的位置，按 O 键，创建标记出点，如图 11-127 所示。选中"源"监视器窗口中的"02"文件，将其拖曳到"时间轴"面板中的"视频 1（V1）"轨道中，如图 11-128 所示。

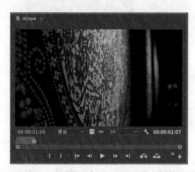

图 11-127

图 11-128

（7）选择"时间轴"面板中的"02"文件。在"02"文件上单击鼠标右键，在弹出的快捷菜单中选择"速度/持续时间"命令，在弹出的对话框中进行设置，如图 11-129 所示。单击"确定"按钮，效果如图 11-130 所示。

图 11-129

图 11-130

（8）双击"项目"面板中的"03"文件，在"源"监视器窗口中打开"03"文件。将时间标签放置在 00:00:07:06 的位置，按 I 键，创建标记入点。将时间标签放置在 00:00:09:05 的位置，按 O 键，创建标记出点，如图 11-131 所示。选中"源"监视器窗口中的"03"文件，将其拖曳到"时间轴"面板中的"视频 1（V1）"轨道中，如图 11-132 所示。

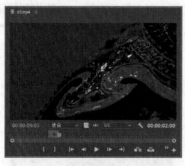

图 11-131

图 11-132

（9）选择"时间轴"面板中的"03"文件。在"03"文件上单击鼠标右键，在弹出的快捷菜单中选择"速度/持续时间"命令，在弹出的对话框中进行设置，如图 11-133 所示。单击"确定"按钮，效果如图 11-134 所示。

图 11-133

图 11-134

（10）双击"项目"面板中的"04"文件，在"源"监视器窗口中打开"04"文件。将时间标签放置在 00:00:08:22 的位置，按 I 键，创建标记入点。将时间标签放置在 00:00:10:33 的位置，按O 键，创建标记出点，如图 11-135 所示。选中"源"监视器窗口中的"04"文件，将其拖曳到"时间轴"面板中的"视频 1（V1）"轨道中，如图 11-136 所示。

图 11-135

图 11-136

（11）选择"时间轴"面板中的"04"文件。在"04"文件上单击鼠标右键，在弹出的快捷菜单中选择"速度/持续时间"命令，在弹出的对话框中进行设置，如图 11-137 所示。单击"确定"按钮，效果如图 11-138 所示。

图 11-137

图 11-138

（12）双击"项目"面板中的"05"文件，在"源"监视器窗口中打开"05"文件。将时间标签放置在 00:00:08:06 的位置，按 I 键，创建标记入点。将时间标签放置在 00:00:09:43 的位置，按O 键，创建标记出点，如图 11-139 所示。选中"源"监视器窗口中的"05"文件，将其拖曳到"时间轴"面板中的"视频 1（V1）"轨道中，如图 11-140 所示。

（13）选择"时间轴"面板中的"05"文件。在"05"文件上单击鼠标右键，在弹出的快捷菜单中选择"速度/持续时间"命令，在弹出的对话框中进行设置，如图 11-141 所示。单击"确定"按钮，效果如图 11-142 所示。

图 11-139

图 11-140

图 11-141

图 11-142

（14）双击"项目"面板中的"06"文件，在"源"监视器窗口中打开"06"文件。将时间标签放置在 00:00:02:19 的位置，按 I 键，创建标记入点。将时间标签放置在 00:00:05:17 的位置，按 O 键，创建标记出点，如图 11-143 所示。选中"源"监视器窗口中的"06"文件，将其拖曳到"时间轴"面板中的"视频 1（V1）"轨道中，如图 11-144 所示。

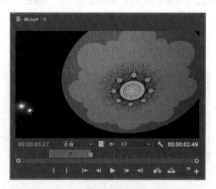

图 11-143

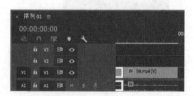

图 11-144

（15）选择"时间轴"面板中的"06"文件。在"06"文件上单击鼠标右键，在弹出的快捷菜单中选择"速度/持续时间"命令，在弹出的对话框中进行设置，如图 11-145 所示。单击"确定"按钮，效果如图 11-146 所示。

图 11-145

图 11-146

（16）双击"项目"面板中的"07"文件，在"源"监视器窗口中打开"07"文件。将时间标签放置在 00:00:14:06 的位置，按 I 键，创建标记入点。将时间标签放置在 00:00:15:23 的位置，按 O 键，创建标记出点，如图 11-147 所示。选中"源"监视器窗口中的"07"文件，将其拖曳到"时间轴"面板中的"视频 1（V1）"轨道中，如图 11-148 所示。

图 11-147

图 11-148

（17）选择"时间轴"面板中的"07"文件。在"07"文件上单击鼠标右键，在弹出的快捷菜单中选择"速度/持续时间"命令，在弹出的对话框中进行设置，如图 11-149 所示。单击"确定"按钮，效果如图 11-150 所示。

图 11-149

图 11-150

（18）双击"项目"面板中的"08"文件，在"源"监视器窗口中打开"08"文件。将时间标签放置在 00:00:28:14 的位置，按 I 键，创建标记入点。将时间标签放置在 00:00:33:20 的位置，按 O 键，创建标记出点，如图 11-151 所示。选中"源"监视器窗口中的"08"文件，将其拖曳到"时间轴"面板中的"视频 1（V1）"轨道中，如图 11-152 所示。

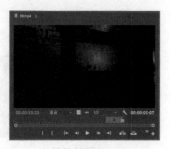

图 11-151 　　　　　　　　　　　　　　　　　　图 11-152

（19）选择"时间轴"面板中的"08"文件。在"08"文件上单击鼠标右键，在弹出的快捷菜单中选择"速度/持续时间"命令，在弹出的对话框中进行设置，如图 11-153 所示。单击"确定"按钮，效果如图 11-154 所示。

图 11-153 　　　　　　　　　　　　　　　　　　图 11-154

2. 添加并调整效果

（1）选择"项目"面板。选择"文件 > 新建 > 调整图层"命令，弹出"调整图层"对话框，如图 11-155 所示，单击"确定"按钮，将"调整图层"添加到"项目"面板中，如图 11-156 所示。

图 11-155 　　　　　　　　　　　　　　　　　　图 11-156

（2）将"项目"面板中的"调整图层"文件拖曳到"时间轴"面板中的"视频 2（V2）"轨道中，如图 11-157 所示。将鼠标指针放在"调整图层"文件的结束位置，当鼠标指针呈◀形状时，向右拖曳到"08"文件的结束位置上，如图 11-158 所示。

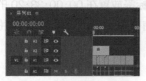

图 11-157 　　　　　　　　　　　　　　　　　　图 11-158

（3）选择"效果"面板，展开"视频效果"分类选项，单击"颜色校正"子选项前面的▶按钮将其展开，选中"Lumetri 颜色"效果，如图 11-159 所示。将"Lumetri 颜色"效果拖曳到"时间轴"面板"视频 2（V2）"轨道中的"调整图层"文件上。选择"效果控件"面板，展开"Lumetri 颜色"选项，设置如图 11-160 所示。

图 11-159

图 11-160

3. 添加并制作动画

（1）将"项目"面板中的"11"文件拖曳到"时间轴"面板中的"视频 3（V3）"轨道中，如图 11-161 所示。将时间标签放置在 00:00:07:23 的位置。将鼠标指针放在"11"文件的结束位置，当鼠标指针呈◀形状时，向右拖曳到时间标签的位置，如图 11-162 所示。

图 11-161

图 11-162

（2）将时间标签放置在 0s 的位置。选择"时间轴"面板中的"11"文件。选择"效果控件"面板，展开"运动"选项，将"位置"选项设置为-432.0 和 540.0，单击"位置"选项左侧的"切换动画"按钮🖫，如图 11-163 所示，记录第 1 个动画关键帧。将时间标签放置在 00:00:00:12 的位置。将"位置"选项设置为-35.0 和 540.0，如图 11-164 所示，记录第 2 个动画关键帧。

图 11-163

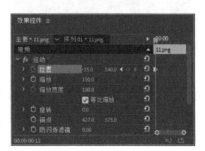

图 11-164

（3）将时间标签放置在 00:00:07:07 的位置。单击"位置"选项右侧的"添加/移除关键帧"按钮 ◎，如图 11-165 所示，记录第 3 个动画关键帧。将时间标签放置在 00:00:07:22 的位置。将"位置"选项设置为 2338.0 和 540.0，如图 11-166 所示，记录第 4 个动画关键帧。

图 11-165

图 11-166

（4）将时间标签放置在 00:00:00:12 的位置。将"项目"面板中的"12"文件拖曳到"时间轴"面板上方的空白处，在轨道中生成"视频 4（V4）"轨道并将"12"文件放置到"视频 4（V4）"轨道中，如图 11-167 所示。将鼠标指针放在"12"文件的结束位置，当鼠标指针呈 ◄ 形状时，向右拖曳到"11"文件的结束位置上，如图 11-168 所示。

图 11-167

图 11-168

（5）选择"时间轴"面板中的"12"文件。选择"效果控件"面板，展开"运动"选项，将"位置"选项设置为-432.0 和 540.0，单击"位置"选项左侧的"切换动画"按钮 ◎，如图 11-169 所示，记录第 1 个动画关键帧。将时间标签放置在 00:00:00:20 的位置。将"位置"选项设置为-35.0 和 540.0，如图 11-170 所示，记录第 2 个动画关键帧。

图 11-169

图 11-170

（6）将时间标签放置在 00:00:07:09 的位置。单击"位置"选项右侧的"添加/移除关键帧"按钮 ◎，如图 11-171 所示，记录第 3 个动画关键帧。将时间标签放置在 00:00:07:22 的位置。将"位置"选项设置为 2338.0 和 540.0，如图 11-172 所示，记录第 4 个动画关键帧。

图 11-171

图 11-172

（7）将时间标签放置在 00：00：00：20 的位置。将"项目"面板中的"13"文件拖曳到"时间轴"面板上方的空白处，在轨道中生成"视频 5（V5）"轨道并将"13"文件放置到"视频 5（V5）"轨道中，如图 11-173 所示。将鼠标指针放在"13"文件的结束位置，当鼠标指针呈◄形状时，向右拖曳到"12"文件的结束位置上，如图 11-174 所示。

图 11-173

图 11-174

（8）选择"时间轴"面板中的"13"文件。选择"效果控件"面板，展开"运动"选项，将"位置"选项设置为-432.0 和 540.0，单击"位置"选项左侧的"切换动画"按钮，如图 11-175 所示，记录第 1 个动画关键帧。将时间标签放置在 00：00：01：03 的位置。将"位置"选项设置为-35.0 和 540.0，如图 11-176 所示，记录第 2 个动画关键帧。

图 11-175

图 11-176

（9）将时间标签放置在 00：00：07：12 的位置。单击"位置"选项右侧的"添加/移除关键帧"按钮，如图 11-177 所示，记录第 3 个动画关键帧。将时间标签放置在 00：00：07：22 的位置。将"位置"选项设置为 2338.0 和 540.0，如图 11-178 所示，记录第 4 个动画关键帧。

（10）将时间标签放置在 00：00：01：03 的位置。将"项目"面板中的"14"文件拖曳到"时间轴"面板上方的空白处，在轨道中生成"视频 6（V6）"轨道并将"14"文件放置到"视频 6（V6）"轨道中，如图 11-179 所示。将鼠标指针放在"14"文件的结束位置，当鼠标指针呈◄形状时，向右拖曳到"13"文件的结束位置上，如图 11-180 所示。

图 11-177

图 11-178

图 11-179

图 11-180

（11）选择"时间轴"面板中的"14"文件。选择"效果控件"面板，展开"运动"选项，将"位置"选项设置为-432.0 和 540.0，单击"位置"选项左侧的"切换动画"按钮 ，如图 11-181 所示，记录第 1 个动画关键帧。将时间标签放置在 00:00:01:09 的位置。将"位置"选项设置为-35.0 和 540.0，如图 11-182 所示，记录第 2 个动画关键帧。

图 11-181

图 11-182

（12）将时间标签放置在 00:00:07:13 的位置。单击"位置"选项右侧的"添加/移除关键帧"按钮 ，如图 11-183 所示，记录第 3 个动画关键帧。将时间标签放置在 00:00:07:22 的位置。将"位置"选项设置为 2338.0 和 540.0，如图 11-184 所示，记录第 4 个动画关键帧。

图 11-183

图 11-184

4. 添加并调整字幕

（1）将时间标签放置在 00:00:01:09 的位置。选择"基本图形"面板，单击"编辑"选项卡，单击"新建图层"按钮█，在弹出的菜单中选择"文本"命令。"时间轴"面板中将生成"视频 7（V7）"轨道和"新建文本图层"文件，如图 11-185 所示。"节目"监视器窗口中生成的文字如图 11-186 所示。

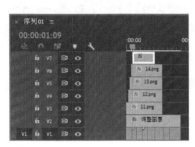

图 11-185

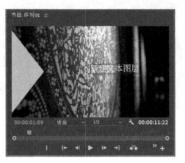

图 11-186

（2）在"节目"监视器窗口中修改文字，效果如图 11-187 所示。选取"节目"监视器窗口中的文字。在"基本图形"面板中展开"文本"栏，设置如图 11-188 所示。拖曳文字到适当的位置，"节目"监视器窗口中的效果如图 11-189 所示。

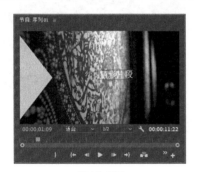

图 11-187

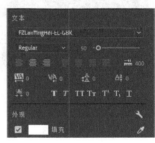

图 11-188

（3）将时间标签放置在 00:00:07:08 的位置。将鼠标指针放在"新建文本图层"文件的结束位置，当鼠标指针呈█形状时，向右拖曳到 00:00:07:08 的位置，如图 11-190 所示。

图 11-189

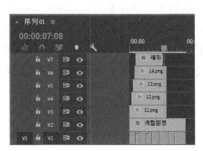

图 11-190

（4）将时间标签放置在 00:00:10:00 的位置。将"项目"面板中的"10"文件拖曳到"时间轴"面板中的"视频 3（V3）"轨道中，如图 11-191 所示。将鼠标指针放在"10"文件的结束位置，当鼠标指针呈◂形状时，向左拖曳到"调整图层"的结束位置上，如图 11-192 所示。

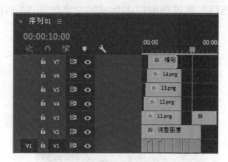

图 11-191

图 11-192

（5）双击"项目"面板中的"09"文件，在"源"监视器窗口中打开"09"文件。将时间标签放置在 00:00:22:06 的位置，按 I 键，创建标记入点。将时间标签放置在 00:00:34:03 的位置，按 O 键，创建标记出点，如图 11-193 所示。选中"源"监视器窗口中的"09"文件，将其拖曳到"时间轴"面板中的"音频 1（A1）"轨道中，如图 11-194 所示。博物天下节目包装制作完成。

图 11-193

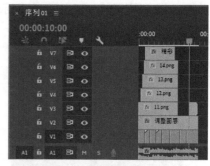

图 11-194

项目实践 制作旅游时刻节目包装

【项目知识要点】使用"导入"命令导入素材文件，通过"效果控件"面板调整素材文件的大小并制作动画，使用"颜色平衡"效果、"高斯模糊"效果和"色阶"效果制作素材文件效果，通过"基本图形"面板添加文字和图形，最终效果如图 11-195 所示。

【效果所在位置】Ch11/制作旅游时刻节目包装/制作旅游时刻节目包装.prproj。

图 11-195

课后习题 制作霞浦旅游节目包装

【习题知识要点】使用"导入"命令导入素材文件，通过"基本图形"面板和"旧版标题"命令添加字幕，使用"划出"效果制作文字划出效果，使用"粗糙边缘"效果制作标题动画，最终效果如图 11-196 所示。

图 11-196

【效果所在位置】Ch11/制作霞浦旅游节目包装/制作霞浦旅游节目包装.prproj。

12

项目 12
制作产品广告

项目引入

产品广告是一种经由电视或网络传播的广告形式，通常用来宣传商品、服务、组织、概念等。它具有覆盖面广、普及率高、综合表现能力强等特点。本项目以多类主题的产品广告为例，讲解产品广告的构思方法和制作技巧。通过本项目的学习，读者可以掌握产品广告的制作要点，从而设计制作出形象生动、符合产品特性的广告。

项目目标

- ✔ 了解产品广告的组成要素。
- ✔ 熟悉产品广告的制作思路。
- ✔ 掌握产品广告的制作技巧。

技能目标

- ✔ 掌握家居节广告的制作方法。
- ✔ 掌握运动产品广告的制作方法。
- ✔ 掌握家电电商广告的制作方法。

素养目标

- ✔ 培养商业设计思维。
- ✔ 提高理解能力与沟通能力。

任务 12.1 制作家居节广告

12.1.1 任务分析

使用"导入"命令导入素材文件，使用剪辑点调整素材文件，使用"Lumetri 颜色"效果调整影片颜色，使用"交叉划像"效果制作树叶划像效果，使用"快速模糊入点"效果制作文字模糊进入效果，通过"效果控件"面板调整效果，并制作缩放的动画效果，使用出点调整音频文件。

12.1.2 任务效果

本任务效果如图 12-1 所示。

图 12-1

12.1.3 任务制作

（1）启动 Premiere Pro 2020，选择"文件 > 新建 > 项目"命令，弹出"新建项目"对话框，如图 12-2 所示，单击"确定"按钮，新建项目。选择"文件 > 新建 > 序列"命令，弹出"新建序列"对话框，在"序列预设"选项卡中选择需要的序列预设，如图 12-3 所示，单击"确定"按钮，新建序列。

（2）选择"文件 > 导入"命令，弹出"导入"对话框，选择本书云盘中的"Ch12/制作家居节广告/素材/01 和 02"文件，如图 12-4 所示，单击"打开"按钮。弹出"导入分层文件"对话框，各选项的设置如图 12-5 所示，单击"确定"按钮，将素材文件导入"项目"面板中，如图 12-6 所示。

（3）将"项目"面板中的"背景/01"文件拖曳到"时间轴"面板中的"视频 1（V1）"轨道中，如图 12-7 所示。

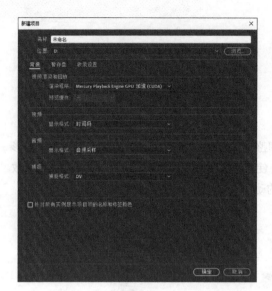
图 12-2

图 12-3

图 12-4

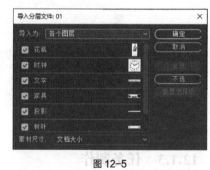
图 12-5

图 12-6

图 12-7

（4）将时间标签放置在00:00:00:07的位置。分别将"项目"面板中的"投影/01"和"家具/01"文件拖曳到"时间轴"面板中的"视频2（V2）"和"视频3（V3）"轨道中，如图12-8所示。将鼠标指针分别放在"投影/01"和"家具/01"文件的结束位置，当鼠标指针呈◄形状时，向左拖曳到"背景/01"文件的结束位置上，如图12-9所示。

图 12-8 图 12-9

（5）选择"时间轴"面板中的"投影/01"文件。选择"效果控件"面板，展开"不透明度"选项，将"不透明度"选项设置为 0.0%，"混合模式"选项设置为"相乘"，如图 12-10 所示，记录第 1 个动画关键帧。将时间标签放置在 00:00:00:12 的位置。将"不透明度"选项设置为 100.0%，如图 12-11 所示，记录第 2 个动画关键帧。

图 12-10 图 12-11

（6）将时间标签放置在 00:00:00:07 的位置。选择"时间轴"面板中的"家具/01"文件。选择"效果控件"面板，展开"不透明度"选项，将"不透明度"选项设置为 0.0%，如图 12-12 所示，记录第 1 个动画关键帧。将时间标签放置在 00:00:00:12 的位置。将"不透明度"选项设置为 100.0%，如图 12-13 所示，记录第 2 个动画关键帧。

图 12-12 图 12-13

（7）将"项目"面板中的"花瓶/01"文件拖曳到"时间轴"面板上方的空白处，在轨道中生成"视频 4（V4）"轨道并将"花瓶/01"文件放置到"视频 4（V4）"轨道中，如图 12-14 所示。将鼠标指针放在"花瓶/01"文件的结束位置，当鼠标指针呈◀形状时，向左拖曳到"背景/01"文件的结束位置上，如图 12-15 所示。

图 12-14 图 12-15

（8）将"项目"面板中的"树叶/01"文件拖曳到"时间轴"面板上方的空白处，在轨道中生成

"视频 5（V5）"轨道并将"树叶/01"文件放置到"视频 5（V5）"轨道中，如图 12-16 所示。将鼠标指针放在"树叶/01"文件的结束位置，当鼠标指针呈◀形状时，向左拖曳到"背景/01"文件的结束位置上，如图 12-17 所示。

图 12-16

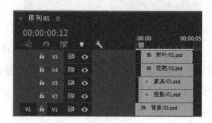
图 12-17

（9）选择"效果"面板，展开"视频过渡"分类选项，单击"划像"子选项前面的▶按钮将其展开，选中"交叉划像"效果，如图 12-18 所示。将"交叉划像"效果拖曳到"时间轴"面板中的"树叶/01"文件的开始位置，如图 12-19 所示。

（10）选择"时间轴"面板中的"交叉划像"效果。选择"效果控件"面板，将"持续时间"选项设置为 00:00:00:10，如图 12-20 所示。

图 12-18

图 12-19

图 12-20

（11）将时间标签放置在 00:00:00:22 的位置。将"项目"面板中的"时钟/01"文件拖曳到"时间轴"面板上方的空白处，在轨道中生成"视频 6（V6）"轨道并将"时钟/01"文件放置到"视频 6（V6）"轨道中，如图 12-21 所示。将鼠标指针放在"时钟/01"文件的结束位置，当鼠标指针呈◀形状时，向左拖曳到"背景/01"文件的结束位置上，如图 12-22 所示。

图 12-21

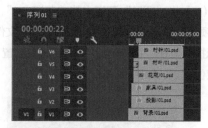
图 12-22

（12）选择"时间轴"面板中的"时钟/01"文件。选择"效果控件"面板，展开"运动"选项，将"缩放"选项设置为 0.0，单击"缩放"选项左侧的"切换动画"按钮，如图 12-23 所示，记录第 1 个动画关键帧。将时间标签放置在 00:00:01:05 的位置。将"缩放"选项设置为 100.0，如图 12-24 所示，记录第 2 个动画关键帧。

图 12-23

图 12-24

（13）将"项目"面板中的"文字/01"文件拖曳到"时间轴"面板上方的空白处，在轨道中生成"视频 7（V7）"轨道并将"文字/01"文件放置到"视频 7（V7）"轨道中，如图 12-25 所示。将鼠标指针放在"文字/01"文件的结束位置，当鼠标指针呈 ◀ 形状时，向左拖曳到"背景/01"文件的结束位置上，如图 12-26 所示。

图 12-25

图 12-26

（14）选择"效果"面板，展开"预设"分类选项，单击"模糊"子选项前面的 ▶ 按钮将其展开，选中"快速模糊入点"效果，如图 12-27 所示。将"快速模糊入点"效果拖曳到"时间轴"面板中的"文字/01"文件上。

（15）选择"项目"面板。选择"文件 > 新建 > 调整图层"命令，弹出"调整图层"对话框，如图 12-28 所示，单击"确定"按钮，将"调整图层"添加到"项目"面板中，如图 12-29 所示。将"项目"面板中的"调整图层"文件拖曳到"时间轴"面板上方的空白处，在轨道中生成"视频 8（V8）"轨道并将"调整图层"文件放置到"视频 8（V8）"轨道中，如图 12-30 所示。

图 12-27

图 12-28

（16）选择"效果"面板，展开"视频效果"分类选项，单击"颜色校正"子选项前面的 ▶ 按钮将其展开，选中"Lumetri 颜色"效果，如图 12-31 所示。将"Lumetri 颜色"效果拖曳到"时间轴"面板"视频 8（V8）"轨道中的"调整图层"文件上。选择"效果控件"面板，展开"Lumetri 颜色"选项，设置如图 12-32 所示。

图 12-29

图 12-30

图 12-31

图 12-32

（17）双击"项目"面板中的"02"文件，在"源"监视器窗口中打开"02"文件。将时间标签放置在 00：00：04：24 的位置，按 O 键，创建标记出点，如图 12-33 所示。选中"源"监视器窗口中的"02"文件，将其拖曳到"时间轴"面板中的"音频 1（A1）"轨道中，如图 12-34 所示。家居节广告制作完成。

图 12-33

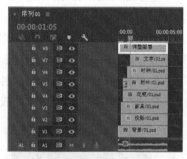

图 12-34

任务 12.2　制作运动产品广告

12.2.1　任务分析

使用"导入"命令导入素材文件，通过"效果控件"面板编辑文件并制作动画，通过"基本图形"面板添加并编辑图形和文本。

12.2.2　任务效果

本任务效果如图 12-35 所示。

图 12-35

12.2.3　任务制作

1. 新建项目并编辑素材

（1）启动 Premiere Pro 2020，选择"文件 > 新建 > 项目"命令，弹出"新建项目"对话框，如图 12-36 所示，单击"确定"按钮，新建项目。选择"文件 > 新建 > 序列"命令，弹出"新建序列"对话框，单击"设置"选项卡，各选项的设置如图 12-37 所示，单击"确定"按钮，新建序列。

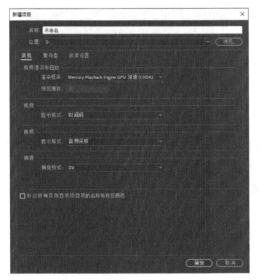

图 12-36

图 12-37

（2）选择"文件 > 导入"命令，弹出"导入"对话框，选择本书云盘中的"Ch12/制作运动产品广告/素材/01～03"文件，如图 12-38 所示。单击"打开"按钮，将素材文件导入"项目"面板中，如图 12-39 所示。

（3）将"项目"面板中的"01"文件拖曳到"时间轴"面板中的"视频 1（V1）"轨道中，弹出

"剪辑不匹配警告"对话框，单击"保持现有设置"按钮。将"01"文件放置到"视频1（V1）"轨道中，如图 12-40 所示。选择"时间轴"面板中的"01"文件，如图 12-41 所示。

图 12-38

图 12-39

图 12-40

图 12-41

（4）选择"剪辑 > 取消链接"命令，取消视/音频链接，如图 12-42 所示。选择音频，按 Delete 键删除音频，如图 12-43 所示。

图 12-42

图 12-43

2. 添加广告语和动画

（1）选择"基本图形"面板，单击"编辑"选项卡，单击"新建图层"按钮■，在弹出的菜单中选择"文本"命令。"时间轴"面板的"视频2（V2）"轨道中将生成"新建文本图层"文件，如图 12-44 所示。"节目"监视器窗口中的效果如图 12-45 所示。

图 12-44

图 12-45

（2）在"节目"监视器窗口中修改文字，效果如图 12-46 所示。将时间标签放置在 00:00:00:13 的位置。将鼠标指针放在"运动"文字文件的结束位置并单击，显示编辑点。当鼠标指针呈◀形状时，向左拖曳到 00:00:00:13 的位置，如图 12-47 所示。

图 12-46

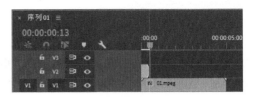

图 12-47

（3）将时间标签放置在 0s 的位置。在"基本图形"面板中选择"运动"图层，"基本图形"面板"对齐并变换"栏中的设置如图 12-48 所示，"文本"栏中的设置如图 12-49 所示。

图 12-48

图 12-49

（4）选择"时间轴"面板中的"运动"文字文件。选择"效果控件"面板，展开"运动"选项，将"位置"选项设置为 640.0 和 360.0，单击"位置"选项左侧的"切换动画"按钮，如图 12-50 所示，记录第 1 个动画关键帧。将时间标签放置在 00:00:00:05 的位置。在"效果控件"面板中，将"位置"选项设置为 569.0 和 360.0，记录第 2 个动画关键帧。单击"缩放"选项左侧的"切换动画"按钮，如图 12-51 所示，记录第 1 个动画关键帧。

图 12-50

图 12-51

（5）将时间标签放置在 00:00:00:12 的位置。在"效果控件"面板中，将"缩放"选项设置为 70.0，如图 12-52 所示，记录第 2 个动画关键帧。用上述方法创建图形文字并添加关键帧，效果如图 12-53 所示。

图 12-52

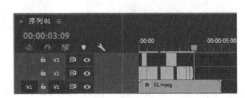

图 12-53

3. 添加装饰图形和动画

（1）将时间标签放置在 00:00:03:09 的位置。选择"基本图形"面板，单击"编辑"选项卡，单击"新建图层"按钮 ，在弹出的菜单中选择"矩形"命令。"时间轴"面板的"视频 2（V2）"轨道中将生成"图形"文件，如图 12-54 所示，"节目"监视器窗口中的效果如图 12-55 所示。

图 12-54

图 12-55

（2）在"时间轴"面板中选择"图形"文件。在"基本图形"面板中选择"形状 01"图层，在"外观"栏中将"填充"颜色设置为红色（230、61、24），"对齐并变换"栏中的设置如图 12-56 所示。使用"钢笔"工具 在"节目"监视器窗口中选择右上角、右下角和左下角的锚点，并拖曳到适当的位置，效果如图 12-57 所示。

图 12-56

图 12-57

（3）将鼠标指针放在"图形"文件的结束位置并单击，显示编辑点。当鼠标指针呈 形状时，向左拖曳到"01"文件的结束位置，如图 12-58 所示。

（4）选择"效果控件"面板，展开"形状（形状 01）"选项，取消勾选"等比缩放"复选框，将"垂直缩放"选项设置为 0，单击"垂直缩放"选项左侧的"切换动画"按钮 ，如图 12-59 所示，记录第 1 个动画关键帧。将时间标签放置在 00:00:03:22 的位置。在"效果控件"面板中，将"垂直缩放"选项设置为 100，如图 12-60 所示，记录第 2 个动画关键帧。

图 12-58

图 12-59

图 12-60

（5）将时间标签放置在 00:00:03:14 的位置。在"项目"面板中，选中"02"文件，将其拖曳到"时间轴"面板中的"视频 3（V3）"轨道中，如图 12-61 所示。将鼠标指针放在"02"文件的结束位置并单击，显示编辑点。当鼠标指针呈 形状时，向左拖曳到"01"文件的结束位置，如图 12-62 所示。

图 12-61   图 12-62

（6）将时间标签放置在 00:00:03:20 的位置。选择"效果控件"面板，展开"运动"选项，将"位置"选项设置为 590.0 和 437.0，单击"位置"选项左侧的"切换动画"按钮🔘，如图 12-63 所示，记录第 1 个动画关键帧。将时间标签放置在 00:00:04:03 的位置，将"位置"选项设置为 590.0 和 370.0，如图 12-64 所示，记录第 2 个动画关键帧。

图 12-63   图 12-64

（7）将时间标签放置在 00:00:03:20 的位置。选择"效果控件"面板，展开"不透明度"选项，将"不透明度"选项设置为 0.0%，如图 12-65 所示，记录第 1 个动画关键帧。将时间标签放置在 00:00:03:22 的位置。将"不透明度"选项设置为 100.0%，如图 12-66 所示，记录第 2 个动画关键帧。

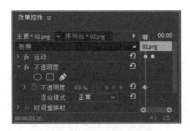
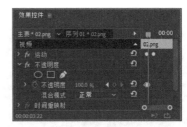

图 12-65   图 12-66

（8）在"项目"面板中，选中"03"文件，将其拖曳到"时间轴"面板中的"音频 1（A1）"轨道中，如图 12-67 所示。将鼠标指针放在"03"文件的结束位置并单击，显示编辑点。当鼠标指针呈◀形状时，向左拖曳到"01"文件的结束位置，如图 12-68 所示。运动产品广告制作完成。

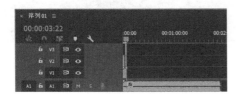

图 12-67   图 12-68

任务 12.3 制作家电电商广告

12.3.1 任务分析

使用"导入"命令导入素材文件，通过"基本图形"面板添加文本，使用"旋转扭曲"效果制作背景的扭曲效果，通过"效果控件"面板制作缩放与不透明度效果，使用"划出"效果制作文字划出效果。

微课

制作家电电商
广告

12.3.2 任务效果

本任务效果如图 12-69 所示。

图 12-69

12.3.3 任务制作

（1）启动 Premiere Pro 2020，选择"文件 > 新建 > 项目"命令，弹出"新建项目"对话框，如图 12-70 所示，单击"确定"按钮，新建项目。选择"文件 > 新建 > 序列"命令，弹出"新建序列"对话框，单击"设置"选项卡，各选项的设置如图 12-71 所示，单击"确定"按钮，新建序列。

图 12-70   图 12-71

（2）选择"文件 > 导入"命令，弹出"导入"对话框，选择本书云盘中的"Ch12\制作家电电商广告\素材\01～05"文件，如图 12-72 所示。单击"打开"按钮，将素材文件导入"项目"面板中，如图 12-73 所示。

图 12-72　　　　　　　　　　　　　　　　　图 12-73

（3）在"项目"面板中，选中"01"文件，将其拖曳到"时间轴"面板中的"视频 1（V1）"轨道中，如图 12-74 所示。在"项目"面板中，选中"04"文件，将其拖曳到"时间轴"面板中的"视频 2（V2）"轨道中，如图 12-75 所示。

图 12-74　　　　　　　　　　　　　　　　　图 12-75

（4）选择"时间轴"面板中的"04"文件。选择"效果控件"面板，展开"运动"选项，将"位置"选项设置为 656.0 和 336.0，如图 12-76 所示。选择"效果"面板，展开"视频效果"分类选项，单击"扭曲"子选项前面的 ▶ 按钮将其展开，选中"旋转扭曲"效果，如图 12-77 所示。将"旋转扭曲"效果拖曳到"时间轴"面板"视频 2（V2）"轨道中的"04"文件上。

图 12-76　　　　　　　　　　　　　　　　　图 12-77

（5）选择"效果控件"面板，展开"旋转扭曲"选项，将"角度"选项设置为 4×0.0°，"旋转扭曲半径"选项设置为 50.0，单击"角度"和"旋转扭曲半径"选项左侧的"切换动画"按钮 🕙，如图 12-78 所示，记录第 1 个动画关键帧。将时间标签放置在 00:00:01:00 的位置。将"角度"选项设置为 0.0°，"旋转扭曲半径"选项设置为 75.0，如图 12-79 所示，记录第 2 个动画关键帧。

图 12-78

图 12-79

（6）在"项目"面板中，选中"02"文件，将其拖曳到"时间轴"面板中的"视频3（V3）"轨道中。将时间标签放置在 0s 的位置。选择"时间轴"面板中的"02"文件。选择"效果控件"面板，展开"运动"选项，将"位置"选项设置为 661.0 和 891.0，单击"位置"选项左侧的"切换动画"按钮 ，如图 12-80 所示，记录第 1 个动画关键帧。将时间标签放置在 00:00:00:05 的位置。将"位置"选项设置为 661.0 和 681.0，如图 12-81 所示，记录第 2 个动画关键帧。

图 12-80

图 12-81

（7）将时间标签放置在 00:00:01:02 的位置。在"项目"面板中，选中"03"文件，将其拖曳到"时间轴"面板上方的空白区域生成的"视频4（V4）"轨道中。将鼠标指针放在"03"文件的结束位置并单击，显示编辑点。当鼠标指针呈 形状时，向左拖曳到"02"文件的结束位置，如图 12-82 所示。选择"时间轴"面板中的"03"文件。选择"效果控件"面板，展开"运动"选项，将"位置"选项设置为 926.0 和 389.0，如图 12-83 所示。

图 12-82

图 12-83

（8）将时间标签放置在 00:00:01:12 的位置。选择"效果控件"面板，展开"不透明度"选项，单击选项右侧的"添加/移除关键帧"按钮 ，如图 12-84 所示，记录第 1 个动画关键帧。将时间标签放置在 00:00:01:15 的位置。将"不透明度"选项设置为 0.0%，如图 12-85 所示，记录第 2 个动画关键帧。将时间标签放置在 00:00:01:18 的位置。将"不透明度"选项设置为 100.0%，如图 12-86 所示，记录第 3 个动画关键帧。

图 12-84

图 12-85

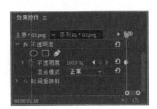
图 12-86

（9）将时间标签放置在 00:00:01:21 的位置。将"不透明度"选项设置为 0.0%，如图 12-87 所示，记录第 4 个动画关键帧。将时间标签放置在 00:00:01:24 的位置。将"不透明度"选项设置为 100.0%，如图 12-88 所示，记录第 5 个动画关键帧。取消"03"文件的选取状态。

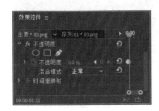
图 12-87

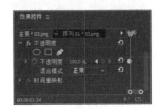
图 12-88

（10）将时间标签放置在 00:00:01:02 的位置。选择"基本图形"面板，单击"编辑"选项卡，单击"新建图层"按钮，在弹出的菜单中选择"文本"命令。"时间轴"面板中将生成"视频 5（V5）"轨道和"新建文本图层"文件，如图 12-89 所示。将鼠标指针放在"新建文本图层"文件的结束位置并单击，显示编辑点。当鼠标指针呈形状时，向左拖曳到"03"文件的结束位置，如图 12-90 所示。

图 12-89

图 12-90

（11）在"节目"监视器窗口中修改文字，效果如图 12-91 所示。在"基本图形"面板中选择文字图层，"对齐并变换"栏中的设置如图 12-92 所示，"文本"栏中的设置如图 12-93 所示，"节目"监视器窗口中的效果如图 12-94 所示。

图 12-91

图 12-92

（12）选择"时间轴"面板中的图形文字。选择"效果控件"面板，展开"运动"选项，将"位置"选项设置为450.7和276.1，"缩放"选项设置为0，单击"缩放"选项左侧的"切换动画"按钮，如图 12-95 所示，记录第 1 个动画关键帧。将时间标签放置在 00:00:01:12 的位置。将"缩放"选项设置为100.0，如图 12-96 所示，记录第 2 个动画关键帧。

图 12-93

图 12-94

图 12-95

图 12-96

（13）将时间标签放置在 00:00:01:02 的位置。选择"基本图形"面板，单击"编辑"选项卡，单击"新建图层"按钮，在弹出的菜单中选择"文本"命令。"时间轴"面板中将生成"视频6（V6）"轨道和"新建文本图层"文件，如图 12-97 所示。将鼠标指针放在"新建文本图层"文件的结束位置并单击，显示编辑点。当鼠标指针呈▇形状时，向左拖曳到"03"文件的结束位置，如图 12-98 所示。

图 12-97

图 12-98

（14）在"节目"监视器窗口中修改文字，效果如图 12-99 所示。在"基本图形"面板中选择文字图层，"基本图形"面板"对齐并变换"栏中的设置如图 12-100 所示，"文本"栏中的设置如图 12-101 所示。"节目"监视器窗口中的效果如图 12-102 所示。

图 12-99

图 12-100

图 12-101

图 12-102

（15）选择"时间轴"面板中的文字文件。选择"效果控件"面板，展开"运动"选项，将"位置"选项设置为 447.1 和 373.5，"缩放"选项设置为 0.0，单击"缩放"选项左侧的"切换动画"按钮◎，如图 12-103 所示，记录第 1 个动画关键帧。将时间标签放置在 00∶00∶01∶12 的位置。将"缩放"选项设置为 100.0，如图 12-104 所示，记录第 2 个动画关键帧。

图 12-103　　　　　　　　　　　　图 12-104

（16）在"项目"面板中，选中"05"文件，将其拖曳到"时间轴"面板上方的空白区域生成的"视频 7（V7）"轨道中。将鼠标指针放在"05"文件的结束位置并单击，显示编辑点。当鼠标指针呈◀形状时，向左拖曳到"02"文件的结束位置，如图 12-105 所示。选择"时间轴"面板中的"05"文件。选择"效果控件"面板，展开"运动"选项，将"位置"选项设置为 447.0 和 471.0，如图 12-106 所示。

图 12-105　　　　　　　　　　　　图 12-106

（17）选择"效果"面板，展开"视频过渡"分类选项，单击"擦除"子选项前面的▶按钮将其展开，选中"划出"效果，如图 12-107 所示。将"划出"效果拖曳到"时间轴"面板中的"05"文件的开始位置，如图 12-108 所示。选择"时间轴"面板中的"划出"效果。选择"效果控件"面板，将"持续时间"选项设置为 00∶00∶00∶10，如图 12-109 所示。家电电商广告制作完成。

图 12-107　　　　　　　　图 12-108　　　　　　　　图 12-109

项目实践 制作汽车新品广告

【项目知识要点】使用"导入"命令导入素材文件，通过"时间轴"面板控制图像的出场顺序，通过"效果控件"面板编辑图像的位置、缩放和不透明度等选项以制作动画效果，使用不同的过渡制作图像之间的过渡效果，最终效果如图 12-110 所示。

微课

制作汽车新品
广告

图 12-110

【效果所在位置】Ch12/制作汽车新品广告/制作汽车新品广告.prproj。

课后习题 制作时尚彩妆广告

【习题知识要点】使用"导入"命令导入素材文件，通过"时间轴"面板控制图像的出场顺序，使用剪辑点调整素材文件，通过"效果控件"面板编辑图像的位置、缩放和旋转等选项以制作动画效果，使用出点调整音频文件，最终效果如图 12-111 所示。

微课

制作时尚彩妆
广告

图 12-111

【效果所在位置】Ch12/制作时尚彩妆广告/制作时尚彩妆广告.prproj。

项目 13
制作宣传片

项目引入

宣传片是用于推广活动、产品或服务的短片或视频。它通常在电视、网络或其他平台上播放，旨在彰显企业实力、吸引不同观众。本项目以不同类型的宣传片为例，讲解宣传片的构思方法和制作技巧。通过本项目的学习，读者可以掌握宣传片的制作要点，从而设计制作出画面精美、富有创意的宣传片。

项目目标

- ✔ 了解宣传片的构成元素。
- ✔ 熟悉宣传片的表现手段。
- ✔ 掌握宣传片的制作技巧。

技能目标

- ✔ 掌握城市形象宣传片的制作方法。
- ✔ 掌握环保广告宣传片的制作方法。
- ✔ 掌握校园生活宣传片的制作方法。

素养目标

- ✔ 养成关心时事的习惯。
- ✔ 培养健康的价值观。

任务 13.1　制作城市形象宣传片

13.1.1　任务分析

使用"导入"命令导入素材文件，使用入点和出点调整素材文件，通过"效果控件"面板编辑素材文件的大小，使用"速度/持续时间"命令调整视频速度，通过"效果"面板添加过渡和其他效果，通过"文字"工具Ｔ和"基本图形"面板添加介绍文字和图形。

13.1.2　任务效果

本任务效果如图 13-1 所示。

微课

制作城市形象
宣传片

图 13-1

13.1.3　任务制作

1. 新建项目并导入素材

（1）启动 Premiere Pro 2020，选择"文件 > 新建 > 项目"命令，弹出"新建项目"对话框，如图 13-2 所示，单击"确定"按钮，新建项目。选择"文件 > 新建 > 序列"命令，弹出"新建序列"对话框，单击"设置"选项卡，各选项的设置如图 13-3 所示，单击"确定"按钮，新建序列。

（2）选择"文件 > 导入"命令，弹出"导入"对话框，选择本书云盘中的"Ch13/制作城市形象宣传片/素材/01～11"文件，如图 13-4 所示。单击"打开"按钮，将素材文件导入"项目"面板中，如图 13-5 所示。

2. 添加并编辑素材文件

（1）在"项目"面板中，选中"01"文件，将其拖曳到"时间轴"面板中的"视频 1（V1）"轨道中，弹出"剪辑不匹配警告"对话框，单击"保持现有设置"按钮，在保持现有序列设置不变的情况下，将文件放置在"视频 1（V1）"轨道中，效果如图 13-6 所示。

（2）在"时间轴"面板中，选中"01"文件并单击鼠标右键，在弹出的快捷菜单中选择"速度/持续时间"命令，在弹出的对话框中进行设置，如图 13-7 所示，单击"确定"按钮。将时间标签放置在 00:00:02:15 的位置。将鼠标指针放在"01"文件的结束位置并单击，显示编辑点。当鼠标指针呈❧形状时，向左拖曳到 00:00:02:15 的位置，如图 13-8 所示。

图 13-2

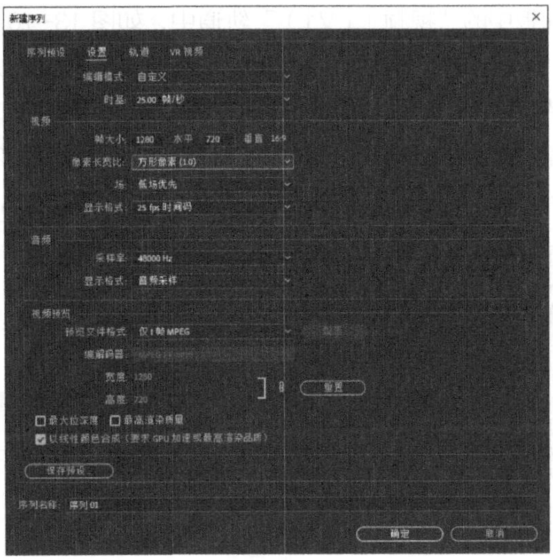

图 13-3

图 13-4

图 13-5

图 13-6

图 13-7

图 13-8

（3）选择"时间轴"面板中的"01"文件。选择"效果控件"面板，展开"运动"选项，将"缩放"选项设置为67.0，如图13-9所示。在"项目"面板中，选中"02"文件，将其拖曳到"时间轴"面板中的"视频1（V1）"轨道中，如图13-10所示。

（4）在"时间轴"面板中，选中"02"文件并单击鼠标右键，在弹出的快捷菜单中选择"速度/持续时间"命令，在弹出的对话框中进行设置，如图13-11所示，单击"确定"按钮。将时间标签放置在00:00:07:05的位置。将鼠标指针放在"02"文件的结束位置并单击，显示编辑点。当鼠标指针呈◀形状时，向左拖曳到00:00:07:05的位置，如图13-12所示。

图 13-9

图 13-10

图 13-11

（5）用相同的方法添加并调整其他素材文件，效果如图13-13所示。

图 13-12

图 13-13

3. 添加并设置转场和特效

（1）将时间标签放置在0s的位置。选择"效果"面板，展开"视频效果"分类选项，单击"颜色校正"子选项前面的▶按钮将其展开，选中"Lumetri颜色"效果，如图13-14所示。将"Lumetri颜色"效果拖曳到"时间轴"面板"视频1（V1）"轨道中的"01"文件上。选择"效果控件"面板，展开"Lumetri颜色"选项，设置如图13-15所示。

（2）将时间标签放置在00:00:02:16的位置。选择"效果"面板，将"Lumetri颜色"效果拖曳到"时间轴"面板"视频1（V1）"轨道中的"02"文件上。选择"效果控件"面板，展开"Lumetri颜色"选项，设置如图13-16所示。用相同的方法为其他素材添加"Lumetri颜色"效果并进行相应的设置。

（3）选择"效果"面板，展开"视频过渡"分类选项，单击"溶解"子选项前面的▶按钮将其展开，选中"交叉溶解"效果，如图13-17所示。将"交叉溶解"效果拖曳到"时间轴"面板中的"01"文件的结束位置和"02"文件的开始位置，如图13-18所示。

（4）选中"时间轴"面板中的"交叉溶解"效果。在"效果控件"面板，将"持续时间"选项设置为00:00:00:20，其他选项的设置如图13-19所示，"时间轴"面板如图13-20所示。

图 13-14

图 13-15

图 13-16

图 13-17

图 13-18

图 13-19

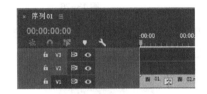

图 13-20

（5）用相同的方法为素材文件添加其他转场效果，效果如图 13-21 所示。

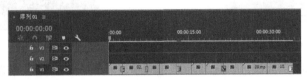

图 13-21

4. 添加装饰图形和介绍文字

（1）将时间标签放置在 00:00:03:04 的位置。选择"基本图形"面板，单击"编辑"选项卡，单击"新建图层"按钮■，在弹出的菜单中选择"文本"命令。"时间轴"面板的"视频 2（V2）"轨道中将生成"新建文本图层"文件，如图 13-22 所示。"节目"监视器窗口中生成的文字如图 13-23 所示。

（2）将时间标签放置在 00:00:06:19 的位置。将鼠标指针放在文字文件的结束位置并单击，显示编辑点，向左拖曳编辑点到 00:00:06:19 的位置，如图 13-24 所示。将时间标签放置在 00:00:03:04 的位置。选取并修改文字，效果如图 13-25 所示。

图 13-22

图 13-23

图 13-24

图 13-25

（3）选取"节目"监视器窗口中的文字。在"效果控件"面板中展开"文本"选项，设置如图 13-26 所示，"节目"监视器窗口中的效果如图 13-27 所示。

图 13-26

图 13-27

（4）用相同的方法制作其他文字，"基础图形"面板如图 13-28 所示，"节目"监视器窗口中的文字效果如图 13-29 所示。

图 13-28

图 13-29

（5）选择"基本图形"面板，单击"编辑"选项卡，单击"新建图层"按钮，在弹出的菜单中选择"矩形"命令。"节目"监视器窗口中的效果如图 13-30 所示。在"效果控件"面板中展开"形状（形状 01）"选项，在"外观"栏中将"填充"颜色设置为红色（144、0、0），如图 13-31 所示。使用"选择"工具在"节目"监视器窗口中调整矩形大小，并拖曳到适当的位置，效果如图 13-32 所示。

图 13-30

图 13-31

图 13-32

（6）选择"效果"面板，单击"变换"子选项前面的▶按钮将其展开，选中"裁剪"效果，如图 13-33 所示。将"裁剪"效果拖曳到"时间轴"面板"视频 2（V2）"轨道中的"图形"文件上。选择"效果控件"面板，展开"裁剪"选项，将"右侧"选项设置为 100.0%，单击"右侧"选项左侧的"切换动画"按钮🖸，如图 13-34 所示，记录第 1 个动画关键帧。将时间标签放置在 00：00：04：01 的位置。在"效果控件"面板中，将"右侧"选项设置为 0.0%，如图 13-35 所示，记录第 2 个动画关键帧。

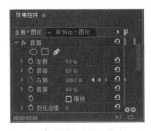

图 13-33   图 13-34   图 13-35

（7）用相同的方法制作其他图形和文字动画，如图 13-36 所示。

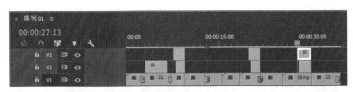

图 13-36

5. 添加并调整音频

（1）在"项目"面板中，选中"11"文件，将其拖曳到"时间轴"面板中的"音频 1（A1）"轨道上。将时间标签放置在 00：00：00：23 的位置。将鼠标指针放在"11"文件的开始位置，当鼠标指针呈▶形状时，向右拖曳到 00：00：00：23 的位置，如图 13-37 所示。选中"11"文件，拖曳到"音频 1（A1）"轨道的起始位置，如图 13-38 所示。

图 13-37   图 13-38

（2）将鼠标指针放在"11"文件的结束位置，当鼠标指针呈◀形状时，向左拖曳到"10"文件的结束位置，如图 13-39 所示。将时间标签放置在 00：00：33：10 的位置。在"效果控件"面板中，单击"级别"选项右侧的"添加/移除关键帧"按钮🖸，如图 13-40 所示，记录第 1 个动画关键帧。

（3）将时间标签放置在 00：00：34：13 的位置。在"效果控件"面板中，将"级别"选项设置为 -999.0，记录第 2 个动画关键帧，如图 13-41 所示。城市形象宣传片制作完成。

图 13-39

图 13-40

图 13-41

任务 13.2 制作环保广告宣传片

13.2.1 任务分析

使用"导入"命令导入素材文件，使用剪辑点调整素材，使用"投影"效果为素材添加投影，通过"效果控件"面板制作风车和云动画。

13.2.2 任务效果

本任务效果如图 13-42 所示。

微课

制作环保广告
宣传片

图 13-42

13.2.3 任务制作

1. 新建项目并导入素材

（1）启动 Premiere Pro 2020，选择"文件 > 新建 > 项目"命令，弹出"新建项目"对话框，如图 13-43 所示，单击"确定"按钮，新建项目。选择"文件 > 新建 > 序列"命令，弹出"新建序列"对话框，单击"设置"选项卡，各选项的设置如图 13-44 所示，单击"确定"按钮，新建序列。

（2）选择"文件 > 导入"命令，弹出"导入"对话框，选择本书云盘中的"Ch13/制作环保广告宣传片/素材/01 和 02"文件，如图 13-45 所示，单击"打开"按钮，弹出"导入分层文件"对话框，各选项的设置如图 13-46 所示。单击"确定"按钮，将素材文件导入"项目"面板中，如图 13-47 所示。

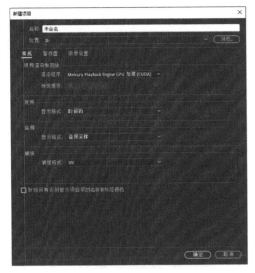

图 13-43

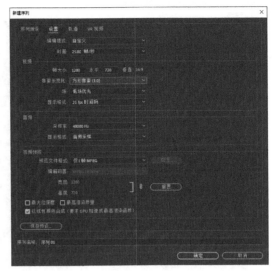

图 13-44

图 13-45

图 13-46

图 13-47

2. 制作风车和云动画

（1）选择"文件 > 新建 > 序列"命令，弹出"新建序列"对话框，单击"设置"选项卡，各选项的设置如图 13-48 所示，单击"确定"按钮，新建序列。在"项目"面板中，展开"01"文件夹，分别选中"支柱/01"和"叶片/01"文件，将它们分别拖曳到"时间轴"面板中的"视频 1（V1）"和"视频 2（V2）"轨道中，如图 13-49 所示。

（2）选择"时间轴"面板中的"叶片/01"文件。选择"效果控件"面板，展开"运动"选项，"节目"监视器窗口中将显示编辑框，移动中心点到适当的位置，效果如图 13-50 所示。单击"旋转"选项左侧的"切换动画"按钮◎，如图 13-51 所示，记录第 1 个动画关键帧。将时间标签放置在 00:00:04:23 的位置。将"旋转"选项设置为 1×240.0°，如图 13-52 所示，记录第 2 个动画关键帧。

（3）选择"文件 > 新建 > 序列"命令，弹出"新建序列"对话框，单击"设置"选项卡，各选项的设置如图 13-53 所示，单击"确定"按钮，新建序列。在"项目"面板中，选中"云 1/01""云 2/01""云 3/01"文件，将它们分别拖曳到"时间轴"面板中的"视频 1（V1）""视频 2（V2）""视频 3（V3）"轨道中，如图 13-54 所示。

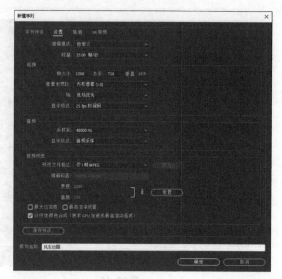

图 13-48

图 13-49

图 13-50

图 13-51

图 13-52

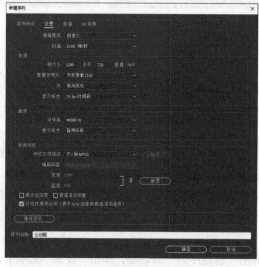

图 13-53

图 13-54

（4）选择"时间轴"面板中的"云 1/01"文件。选择"效果控件"面板，展开"运动"选项，单击"位置"选项左侧的"切换动画"按钮，记录第 1 个动画关键帧，如图 13-55 所示。

（5）将时间标签放置在 00:00:02:12 的位置。将"位置"选项设置为 640.0 和 400.0，记录第 2

个动画关键帧，如图 13-56 所示。将时间标签放置在 00:00:04:24 的位置。将"位置"选项设置为640.0 和 360.0，记录第 3 个动画关键帧，如图 13-57 所示。用相同的方法制作"云 2/01"文件和"云3/01"文件的动画。

 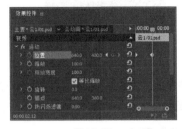 

图 13-55 图 13-56 图 13-57

3. 制作合成效果和动画

（1）选中"序列 01"。在"项目"面板中，选中"背景/01"文件，将其拖曳到"时间轴"面板的"视频 1（V1）"轨道中，如图 13-58 所示。将时间标签放置在 00:00:00:06 的位置。选中"楼房 1/01"文件，将其拖曳到"时间轴"面板的"视频 2（V2）"轨道中，如图 13-59 所示。

图 13-58 图 13-59

（2）将鼠标指针放在"楼房 1/01"文件的结束位置，当鼠标指针呈 形状时，向左拖曳到"背景/01"文件的结束位置，如图 13-60 所示。选择"序列 ＞ 添加轨道"命令，在弹出的对话框中进行设置，如图 13-61 所示，单击"确定"按钮，"时间轴"面板中将添加 10 条视频轨道。用相同的方法把其他文件分别拖曳到不同的视频轨道中，并调整素材文件长度，效果如图 13-62 所示。

  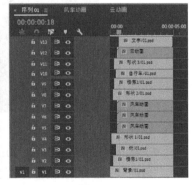

图 13-60 图 13-61 图 13-62

（3）将时间标签放置在 00:00:04:24 的位置。选择"效果"面板，展开"视频效果"分类选项，单击"透视"子选项前面的 按钮将其展开，选中"投影"效果，如图 13-63 所示。将"投影"效果拖曳到"时间轴"面板"视频 3（V3）"轨道中的"树/01"文件上。选择"效果控件"面板，展开"投影"选项，设置如图 13-64 所示，"节目"监视器窗口中的效果如图 13-65 所示。

图 13-63

图 13-64

图 13-65

（4）用相同的方法为其他文件添加"投影"效果，"时间轴"面板如图 13-66 所示，"节目"监视器窗口中的效果如图 13-67 所示。

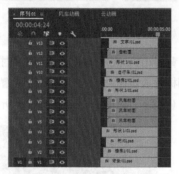
图 13-66

图 13-67

（5）选择"时间轴"面板"视频 6（V6）"轨道中的"风车动画"文件。选择"效果控件"面板，展开"运动"选项，将"位置"选项设置为 571.0 和 418.0，"缩放"选项设置为 60.0，如图 13-68 所示。

（6）选择"时间轴"面板"视频 7（V7）"轨道中的"风车动画"文件。选择"效果控件"面板，展开"运动"选项，将"位置"选项设置为 688.0 和 380.0，"缩放"选项设置为 75.0，如图 13-69 所示。

图 13-68

图 13-69

（7）将时间标签放置在 00:00:00:18 的位置。选择"效果"面板，展开"视频效果"分类选项，单击"透视"子选项前面的▶按钮将其展开，选中"投影"效果，如图 13-70 所示。将"投影"效果拖曳到"时间轴"面板"视频 13（V13）"轨道中的"文字/01"文件上。选择"效果控件"面板，展开"投影"选项，设置如图 13-71 所示。

（8）在"效果控件"面板中，将"缩放"选项设置为 0.0，单击"缩放"选项左侧的"切换动画"按钮 ⊙，如图 13-72 所示，记录第 1 个动画关键帧。将时间标签放置在 00:00:01:00 的位置。将"缩放"选项设为 100.0，如图 13-73 所示，记录第 2 个动画关键帧。

图 13-70

图 13-71

图 13-72

图 13-73

（9）在"项目"面板中，选中"02"文件，将其拖曳到"时间轴"面板中的"音频 1（A1）"轨道上，如图 13-74 所示。将时间标签放置在 00:00:00:06 的位置。将鼠标指针放在"02"文件的开始位置，当鼠标指针呈 形状时，向右拖曳到 00:00:00:06 的位置，如图 13-75 所示。

图 13-74

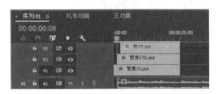
图 13-75

（10）将"02"文件拖曳到"音频 1（A1）"轨道的开始位置，如图 13-76 所示。将鼠标指针放置在"02"文件的结束位置并单击，当鼠标指针呈 形状时，向左拖曳到"背影/01"文件结束的位置，如图 13-77 所示。环保广告宣传片制作完成。

图 13-76

图 13-77

任务 13.3　制作校园生活宣传片

13.3.1　任务分析

使用"导入"命令导入素材文件，使用入点、出点和剪辑点调整素材文件，使用"速度/持续时间"命令调整视频播放速度，通过"效果"面板为素材添加"色阶""快速颜色校正器""RGB 曲线""投影""快速模糊入点"效果，使用"旧版标题"命令添加宣传文字。

13.3.2　任务效果

本任务效果如图 13-78 所示。

微课

制作校园生活
宣传片

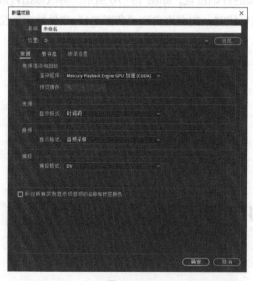

图 13-78

13.3.3　任务制作

1.　导入并调整素材

（1）启动 Premiere Pro 2020，选择"文件 > 新建 > 项目"命令，弹出"新建项目"对话框，如图 13-79 所示，单击"确定"按钮，新建项目。选择"文件 > 新建 > 序列"命令，弹出"新建序列"对话框，在"序列预设"选项卡中选择需要的序列预设，如图 13-80 所示，单击"确定"按钮，新建序列。

图 13-79

图 13-80

（2）选择"文件 > 导入"命令，弹出"导入"对话框，选择本书云盘中的"Ch13/制作校园生活宣传片/素材/01 ~ 07"文件，如图 13-81 所示。单击"打开"按钮，将素材文件导入"项目"面板中，如图 13-82 所示。

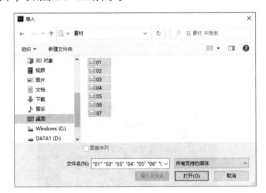 

图 13-81 图 13-82

（3）双击"项目"面板中的"01"文件，在"源"监视器窗口中打开"01"文件。将时间标签放置在 00:00:10:00 的位置，按 O 键，创建标记出点，如图 13-83 所示。

（4）选中"源"监视器窗口中的"01"文件，将其拖曳到"时间轴"面板中的"视频 1（V1）"轨道中，弹出"剪辑不匹配警告"对话框，单击"保持现有设置"按钮，在保持现有序列设置不变的情况下，将"01"文件放置在"视频 1（V1）"轨道中，效果如图 13-84 所示。

图 13-83 图 13-84

（5）选择"时间轴"面板中的"01"文件。在"01"文件上单击鼠标右键，在弹出的快捷菜单中选择"速度/持续时间"命令，在弹出的对话框中进行设置，如图 13-85 所示。单击"确定"按钮，效果如图 13-86 所示。

图 13-85 图 13-86

（6）双击"项目"面板中的"02"文件，在"源"监视器窗口中打开"02"文件。将时间标签放置在 00:00:02:00 的位置，按 O 键，创建标记出点，如图 13-87 所示。选中"源"监视器窗口中的"02"文件，将其拖曳到"时间轴"面板中的"视频 1（V1）"轨道中，如图 13-88 所示。

图 13-87

图 13-88

（7）选择"时间轴"面板中的"02"文件。在"02"文件上单击鼠标右键，在弹出的快捷菜单中选择"速度/持续时间"命令，在弹出的对话框中进行设置，如图 13-89 所示。单击"确定"按钮，效果如图 13-90 所示。

图 13-89

图 13-90

（8）双击"项目"面板中的"03"文件，在"源"监视器窗口中打开"03"文件。将时间标签放置在 00:00:04:00 的位置，按 O 键，创建标记出点，如图 13-91 所示。选中"源"监视器窗口中的"03"文件，将其拖曳到"时间轴"面板中的"视频 1（V1）"轨道中，如图 13-92 所示。

图 13-91

图 13-92

（9）选择"时间轴"面板中的"03"文件。在"03"文件上单击鼠标右键，在弹出的快捷菜单中选择"速度/持续时间"命令，在弹出的对话框中进行设置，如图 13-93 所示。单击"确定"按钮，效果如图 13-94 所示。

图 13-93

图 13-94

（10）双击"项目"面板中的"04"文件，在"源"监视器窗口中打开"04"文件。将时间标签放置在 00:00:02:00 的位置，按 O 键，创建标记出点，如图 13-95 所示。选中"源"监视器窗口中的"04"文件，将其拖曳到"时间轴"面板中的"视频 1（V1）"轨道中，如图 13-96 所示。

图 13-95

图 13-96

（11）选择"时间轴"面板中的"04"文件。在"04"文件上单击鼠标右键，在弹出的快捷菜单中选择"速度/持续时间"命令，在弹出的对话框中进行设置，如图 13-97 所示。单击"确定"按钮，效果如图 13-98 所示。

图 13-97

图 13-98

（12）双击"项目"面板中的"05"文件，在"源"监视器窗口中打开"05"文件。将时间标签放置在 00:00:02:00 的位置，按 O 键，创建标记出点，如图 13-99 所示。选中"源"监视器窗口中的"05"文件，将其拖曳到"时间轴"面板中的"视频1（V1）"轨道中，如图13-100所示。

图 13-99 图 13-100

（13）选择"时间轴"面板中的"05"文件。在"05"文件上单击鼠标右键，在弹出的快捷菜单中选择"速度/持续时间"命令，在弹出的对话框中进行设置，如图13-101所示。单击"确定"按钮，效果如图13-102所示。

图 13-101 图 13-102

（14）双击"项目"面板中的"06"文件，在"源"监视器窗口中打开"06"文件。将时间标签放置在00:00:02:00的位置，按O键，创建标记出点，如图13-103所示。选中"源"监视器窗口中的"06"文件，将其拖曳到"时间轴"面板中的"视频1（V1）"轨道中，如图13-104所示。

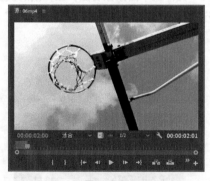

图 13-103 图 13-104

（15）选择"时间轴"面板中的"06"文件。在"06"文件上单击鼠标右键，在弹出的快捷菜单中选择"速度/持续时间"命令，在弹出的对话框中进行设置，如图13-105所示。单击"确定"按钮，效果如图13-106所示。

图 13-105

图 13-106

2. 添加并调整特效

（1）选择"效果"面板，展开"视频效果"分类选项，单击"调整"子选项前面的▶按钮将其展开，选中"色阶"效果，如图 13-107 所示。将"色阶"效果拖曳到"时间轴"面板"视频 1（V1）"轨道中的"01"文件上。选择"效果控件"面板，展开"色阶"选项，设置如图 13-108 所示。

图 13-107

图 13-108

（2）选择"效果"面板，单击"过时"子选项前面的▶按钮将其展开，选中"快速颜色校正器"效果，如图 13-109 所示。将"快速颜色校正器"效果拖曳到"时间轴"面板"视频 1（V1）"轨道中的"01"文件上。选择"效果控件"面板，展开"快速颜色校正器"选项，设置如图 13-110 所示。

图 13-109

图 13-110

（3）选择"效果"面板，选中"快速颜色校正器"效果，将其拖曳到"时间轴"面板"视频 1（V1）"轨道中的"02"文件上。选择"效果控件"面板，展开"快速颜色校正器"选项，设置如图 13-111 所示。

（4）选择"效果"面板，选中"RGB 曲线"效果，如图 13-112 所示。将"RGB 曲线"效果拖曳到"时间轴"面板"视频1（V1）"轨道中的"03"文件上。选择"效果控件"面板，展开"RGB曲线"选项，设置如图13-113所示。

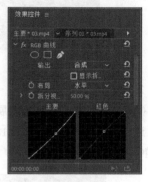

图 13-111　　　　　　　　　　图 13-112　　　　　　　　　　图 13-113

3. 添加字幕和音频

（1）选择"文件 > 新建 > 旧版标题"命令，弹出"新建字幕"对话框，如图13-114所示，单击"确定"按钮，弹出"字幕"面板。选择"旧版标题工具"面板中的"文字"工具 **T**，在"字幕"面板中分别单击并输入需要的文字，如图13-115所示。"项目"面板中将生成"字幕01"文件。

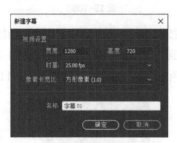

图 13-114　　　　　　　　　　　　　　　图 13-115

（2）使用"选择"工具 ▶ 分别选取文字。在"旧版标题属性"面板中设置适当的字体和字号，填充文字为白色，效果如图13-116所示。使用"旧版标题工具"面板中的"文字"工具 **T** 选取文字"生活"，在"旧版标题属性"面板中设置文字颜色为红色（219、0、0），效果如图13-117所示。

图 13-116　　　　　　　　　　　　　　　图 13-117

（3）将时间标签放置在00:00:00:15的位置。在"项目"面板中，选中"字幕01"文件，将其拖曳到"时间轴"面板中的"视频2（V2）"轨道上，如图 13-118 所示。选择"时间轴"面板中的"字幕 01"文件。

（4）将时间标签放置在 00:00:04:11 的位置。选择"效果控件"面板，展开"不透明度"选项。单击"不透明度"选项右侧的"添加/移除关键帧"按钮，如图 13-119 所示，记录第 1 个动画关键帧。将时间标签放置在 00:00:04:24 的位置。将"不透明度"选项设置为 0.0%，如图 13-120 所示，记录第 2 个动画关键帧。

图 13-118

图 13-119

图 13-120

（5）选择"效果"面板，单击"透视"子选项前面的 按钮将其展开，选中"投影"效果，如图 13-121 所示。将"投影"效果拖曳到"时间轴"面板"视频2（V2）"轨道中的"字幕 01"文件上。

（6）选择"效果"面板，展开"预设"分类选项，单击"模糊"子选项前面的 按钮将其展开，选中"快速模糊入点"效果，如图 13-122 所示。将"快速模糊入点"效果拖曳到"时间轴"面板"视频2（V2）"轨道中的"字幕 01"文件上。

图 13-121

图 13-122

（7）双击"项目"面板中的"07"文件，在"源"监视器窗口中打开"07"文件。将时间标签放置在 00:00:11:02 的位置，按 O 键，创建标记出点，如图 13-123 所示。选中"源"监视器窗口中的"07"文件，将其拖曳到"时间轴"面板中的"音频1（A1）"轨道中，如图 13-124 所示。校园生活宣传片制作完成。

图 13-123

图 13-124

项目实践 制作传统节日宣传片

【项目知识要点】使用"导入"命令导入素材文件，使用剪辑点调整素材，使用"投影"效果为素材添加投影，通过"效果控件"面板制作素材位置、旋转和不透明度的动画，使用"不透明度"选项的蒙版制作文字动画，最终效果如图 13-125 所示。

微课

制作传统节日
宣传片

图 13-125

【效果所在位置】Ch13/制作传统节日宣传片/制作传统节日宣传片.prproj。

课后习题 制作大雪节气宣传片

【习题知识要点】使用"导入"命令导入素材文件，使用"快速模糊入点"效果制作文字和树枝的模糊效果，使用"嵌套"命令制作素材的嵌套，通过"效果控件"面板编辑不透明度以制作融合效果，最终效果如图 13-126 所示。

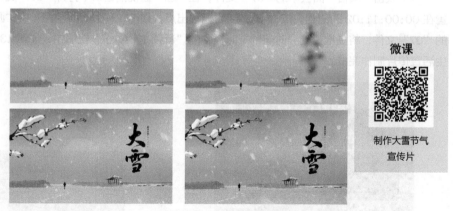

微课

制作大雪节气
宣传片

图 13-126

【效果所在位置】Ch13/制作大雪节气宣传片/制作大雪节气宣传片.prproj。